住宅装修精细化
设计手册

设小计 著

江苏凤凰科学技术出版社 · 南京

图书在版编目（CIP）数据

住宅装修精细化设计手册 / 设小计著 . -- 南京 :
江苏凤凰科学技术出版社，2025. 6. -- ISBN 978-7
-5713-5243-1
Ⅰ . TU767.7-62
中国国家版本馆 CIP 数据核字第 20250XF300 号

住宅装修精细化设计手册

著　　者　设小计
项目策划　凤凰空间 / 庞　冬
责任编辑　赵　研
责任设计编辑　蒋佳佳
特约编辑　庞　冬

出版发行　江苏凤凰科学技术出版社
出版社地址　南京市湖南路 1 号 A 楼，邮编：210009
出版社网址　http：//www.pspress.cn
总经销　天津凤凰空间文化传媒有限公司
总经销网址　http：//www.ifengspace.cn
印　　刷　雅迪云印（天津）科技有限公司

开　　本　710 mm×1 000 mm　1 / 16
印　　张　12.5
字　　数　200 000
版　　次　2025 年 6 月第 1 版
印　　次　2025 年 6 月第 1 次印刷

标准书号　ISBN 978-7-5713-5243-1
定　　价　79.80 元

前言

PREFACE

在住宅装修设计的过程中，初入行的室内设计师常会遇到很多困惑，但又不知道如何解决，只能一次一次去摸索尝试。事实上，如果设计师手头上有一本系统的、全面的清单式工具书，那么他就能提前发现装修设计中的痛点及注意点，尽早避坑。我在日常工作实践中经常会以清单列表的形式解决设计中的问题，用这种方式帮助了不少身边的同事，他们也因此深受启发。

基于此，我写了这本《住宅装修精细化设计手册》，系统地总结了住宅装修精细化设计中常见的问题及应对策略。本书总共有五大章节：第 1 章是户型优化，主要包括常见的平面布局分析及全屋收纳场景解析；第 2 章是住宅空间精细化设计，也是本书的重点，介绍了外玄关（私厅）、玄关、客餐厅、厨房、卫生间、家政间六大空间的精细化设计；第 3 章是门、窗精细化设计，总结了门、窗部品的常见问题及精细化设计注意点；第 4 章是全屋智能设计、照明设计及其他精细化设计，分别讲解了全屋智能设计、照明设计、开关设计、插座设计、给水排水末端设计的精细化设计要点；第 5 章是适老化、适幼化和适宠化精细化设计，重点介绍了读者比较关心的适老化设计注意点。

本书的核心思想是帮助读者从源头解决问题，以清单列表、图文对应的方式来呈现，希望可以降低阅读难度，把复杂的知识变得简单化、可视化，帮助读者在短时间内解决装修设计中的问题，进而提升专业素养以及工作中综合的控场能力。

设小计

2025 年 3 月

目录

CONTENTS

4

全屋智能设计、照明设计及其他精细化设计

5

适老化、适幼化和适宠化精细化设计

附录

精装房验收指南

1

户型优化

1.1　常见平面规划对比解析

1.2　各空间平面布局详解

1.3　全屋收纳场景解析

1.1 常见平面规划对比解析

两居室平面布局解析

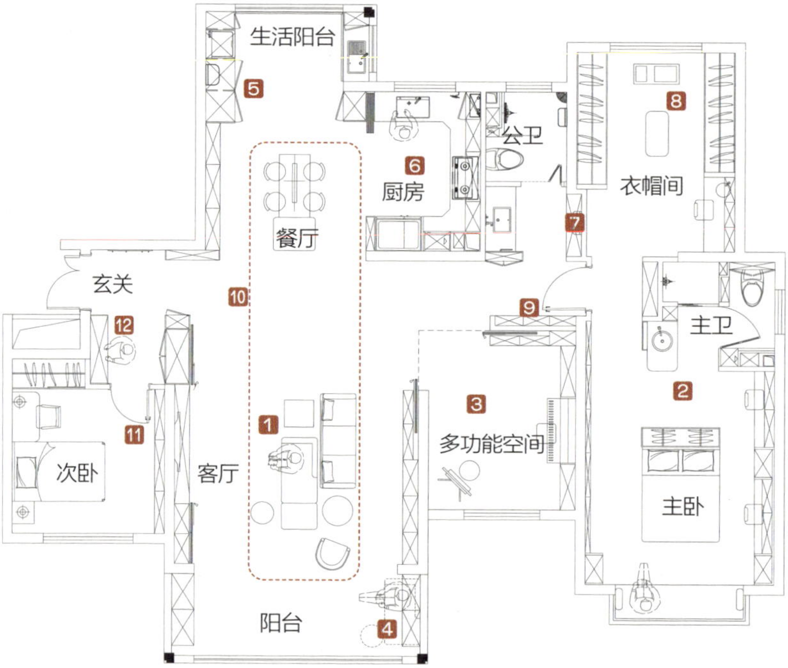

1 起居室布局灵活多变

沙发宜方便移动、随心摆放，可满足观影、阅读、围坐模式，让生活更从容。

2 主卧套房化

主卧室为套房布局，包括独立衣帽间、卫生间等。

3 交互空间

门体自由开合，连通兴趣角，是多功能空间。

4 观景阳台书架

在窗边摆放书架、沙发，享受阳光充盈的感觉。

5 隐形储物柜

在餐厅生活阳台处设置家政收纳柜，隐藏清洁工具、洗烘设备等。

6 中西合璧厨房

餐厅设有岛台，连接厨房与客厅，可营造丰富的生活场景。

7 S 形凹墙收纳柜

8 独立衣帽间

9 走廊收纳柜

10 多重洄游动线

11 门后做收纳柜

12 步入式玄关

三居室平面布局解析

1 多元起居空间

改变传统沙发、电视机组合形式，设置大长桌，灵活多元。

2 LDK+B 一体化设计※

拉宽空间的尺度，客厅、餐厅、厨房、阳台边界模糊，视野被放大。

3 洄游动线

环形场景，营造灵活的情景空间，享受居家美好体验。

4 多元化套房

在主卧设置推拉门，空间灵活可变，可营造多功能场景，让生活更从容优雅。

5 超长工作台

6 观景飘窗

7 兴趣角

8 厨房双水槽

9 超能装鞋柜

※LDK+B 一体化设计即客厅（Living room）、餐厅（Dining room）、厨房（Kitchen）、阳台（Balcony）一体化设计。

四居室平面布局解析

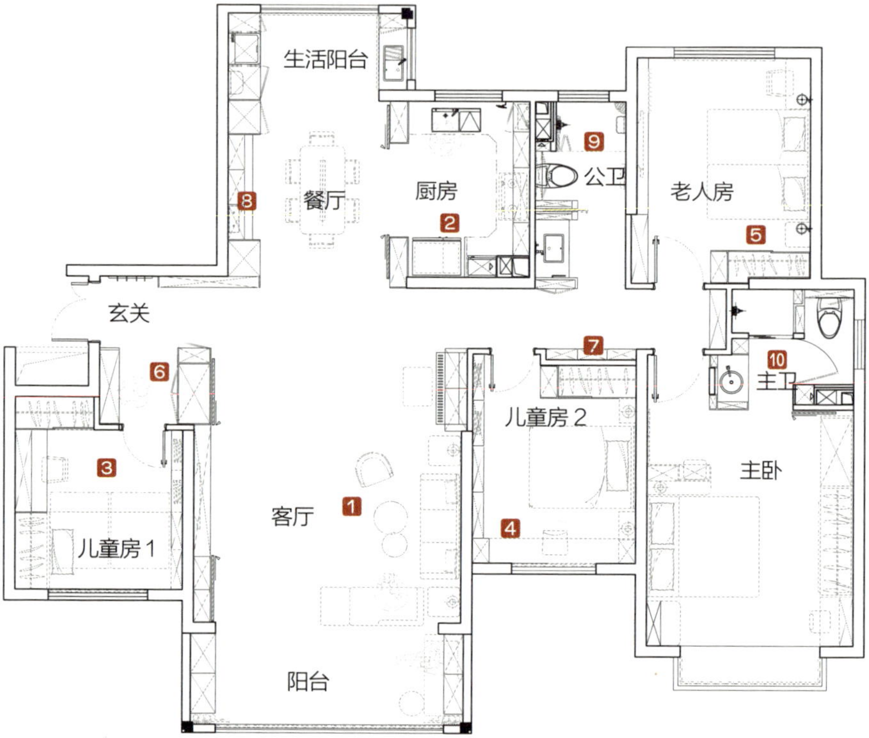

1 沙发、电视机位置灵活多变

沙发既可满足围坐式布局，也可根据需求灵活摆放。

2 便于交流式厨房

开放式厨房，营造家人相互陪护及亲密交流的场景。

3 儿童房 1

4 儿童房 2

5 老人房

6 步入式玄关

7 走廊超强收纳柜

8 餐边柜

9 干湿分离卫生间

10 三式分离卫生间

1.2 各空间平面布局详解

客厅阳台常见平面布局解析

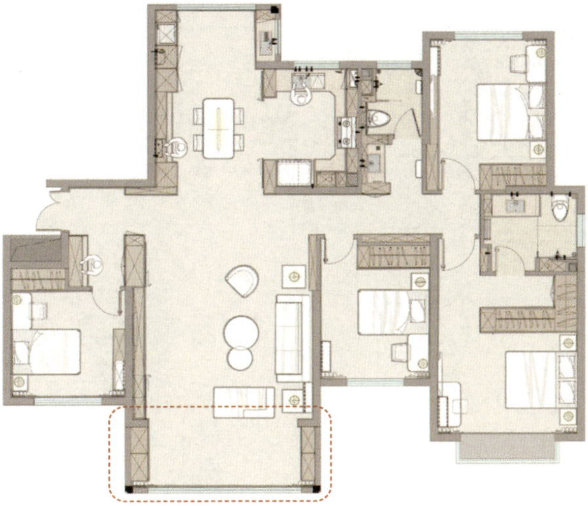

场景 1

满足运动达人在家健身的需求。

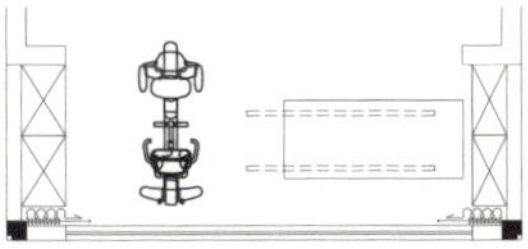

场景 2

满足白领对松弛感、微度假场景的需求，作为阳光茶吧、休闲室、疗愈角。

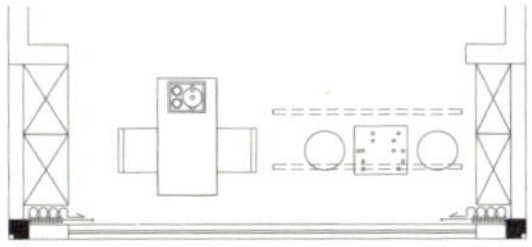

场景 3

满足老人对阳台菜园 、阳光花房功能布局的需求。

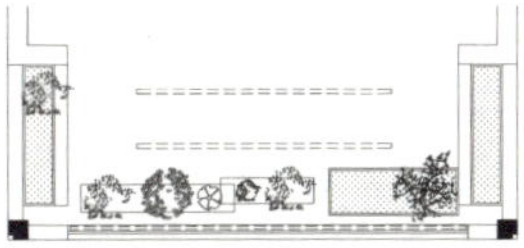

场景 4

满足文艺工作者对阳台书架、兴趣角等场景布局的需求。

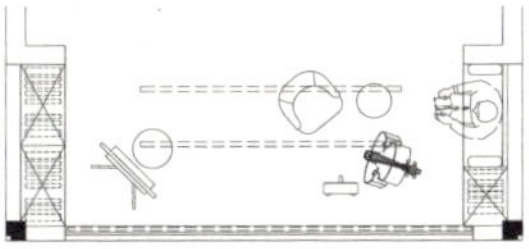

场景 5

满足青年对萌宠饲养功能布局的需求。

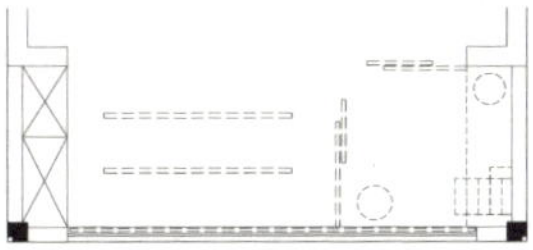

场景 6

满足家庭对陪伴孩子成长、积木手工区功能布局的需求。

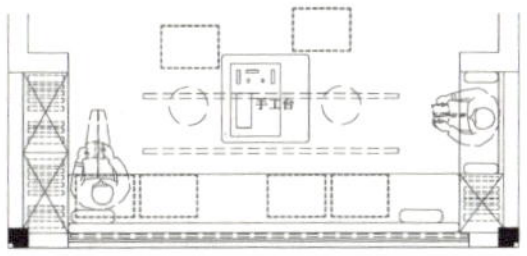

套房式主卧常见平面布局解析

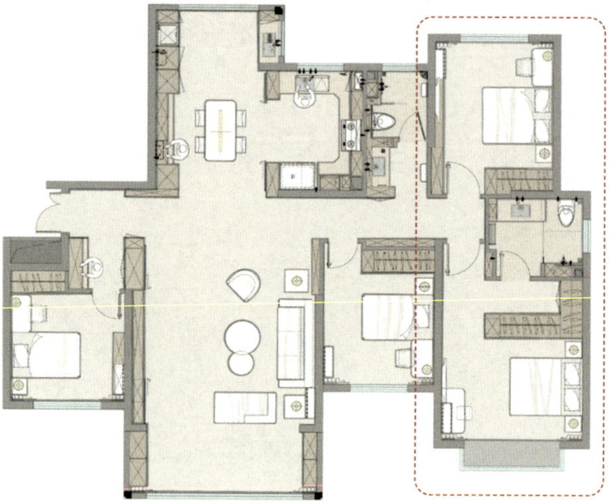

1. 多元化套房

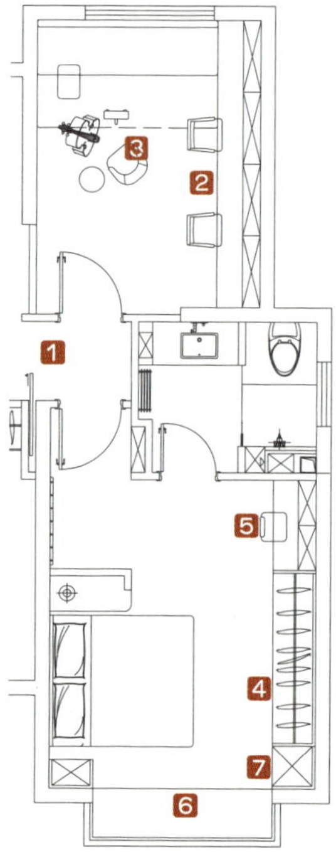

1 暗藏推拉门
2 长台面工作室
3 临时客房
4 隐形投影幕布
5 梳妆、写字两用台
6 休闲飘窗
7 景观阳台书架

2. 卧室套房

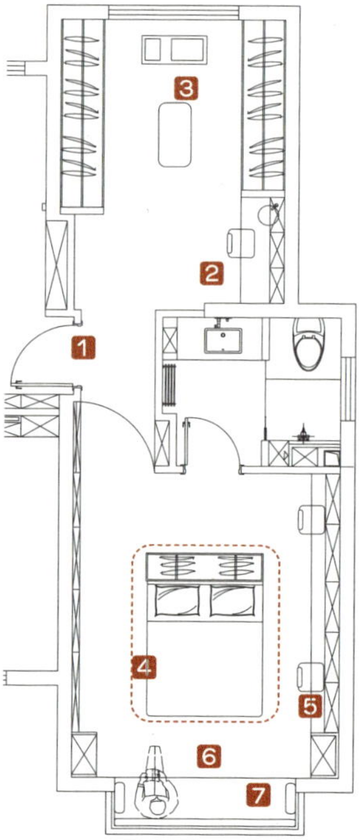

1 套房主入口
2 梳妆台
3 独立衣帽间
4 洄游动线
5 双人位写字台
6 隐形投影幕布
7 阳台卡座

普通主卧常见平面布局解析

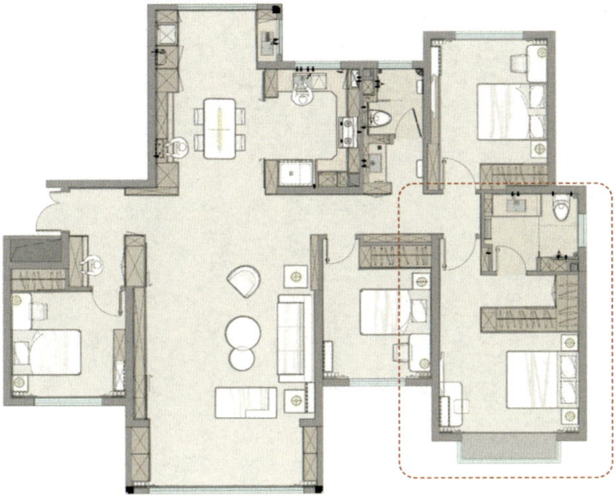

1. 双人卧室

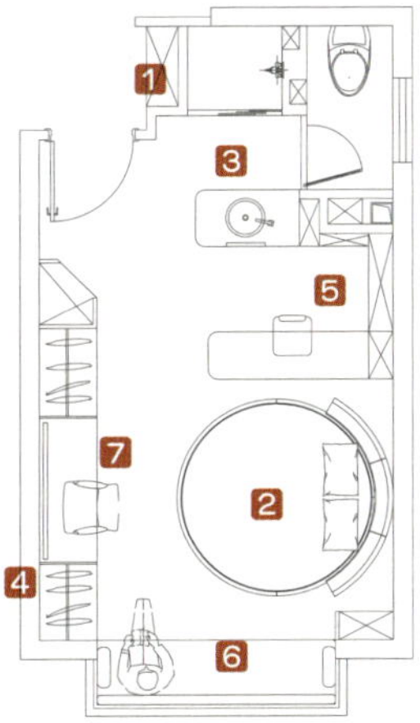

1 手办收纳架
2 时尚圆形床
3 分离式卫浴
4 隐形投影幕布
5 梳妆台、水吧台
6 飘窗阳光台
7 写字阅读台

2. 母婴卧室

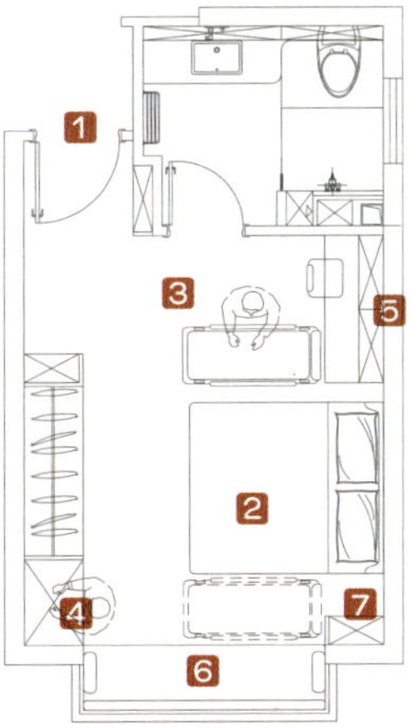

1 适幼静音门
2 母婴大床房
3 婴儿移动床
4 母婴小水吧
5 梳妆、护理台
6 飘窗阳台
7 床头收纳柜

3. 适老化卧室

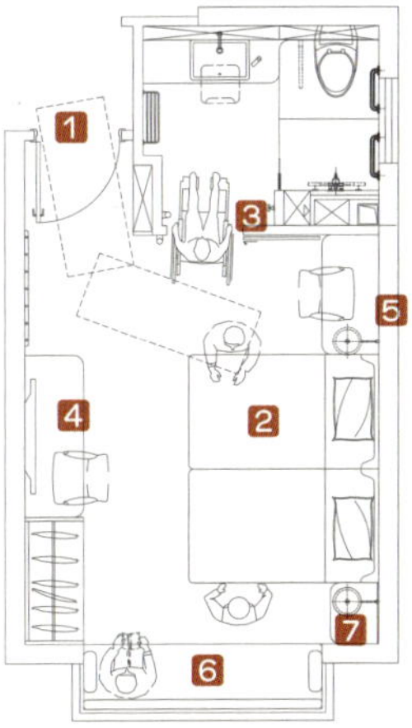

1 适老静音门
2 双人护理床
3 省空间移门
4 手工大台面
5 床头折臂灯
6 飘窗阳台
7 床头柜

厨房常见平面布局解析

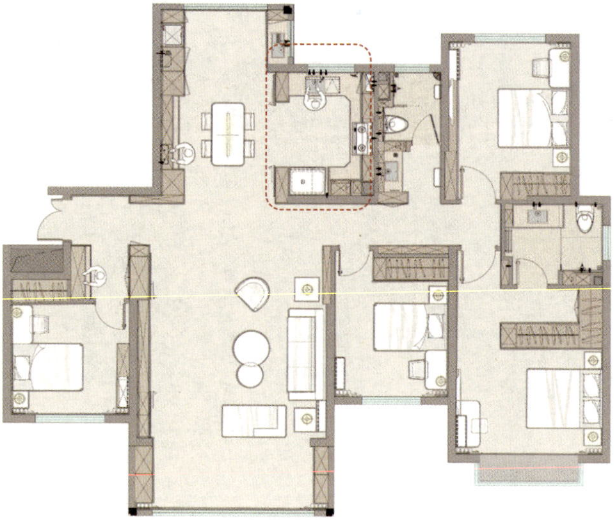

1. 开放式厨房

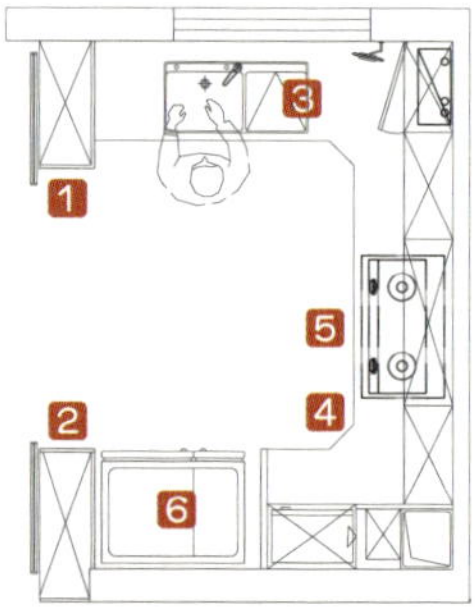

1 暗吊轨移门
2 收纳展示柜
3 水槽、洗碗机
4 钻石形转角台
5 抽油烟机
6 双开门冰箱

2. 双水槽厨房

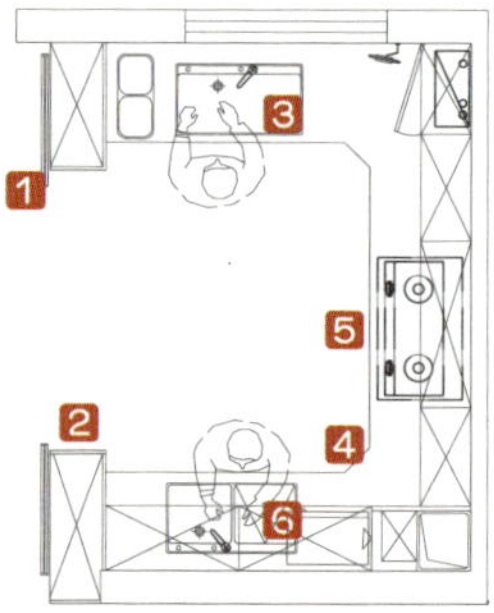

1 暗吊轨移门
2 收纳展示柜
3 隐形大单盆
4 钻石形转角台
5 抽油烟机
6 水槽、洗碗机

3. 餐厨一体式厨房

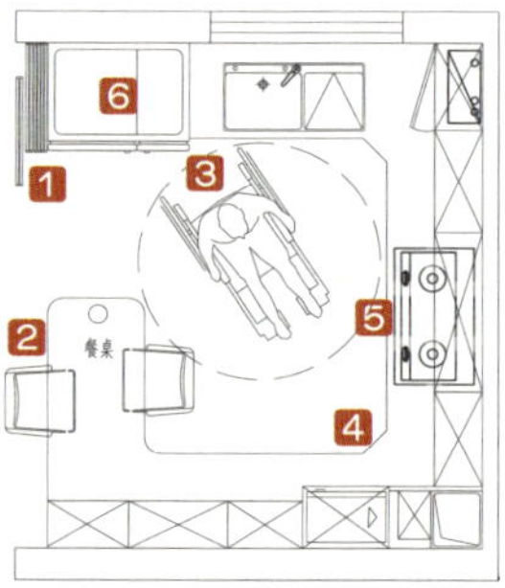

1 暗吊轨移门
2 连贯式餐桌
3 轮椅转动半径
4 钻石形转角台
5 智能燃气灶
6 双开门冰箱

卫生间常见平面布局解析

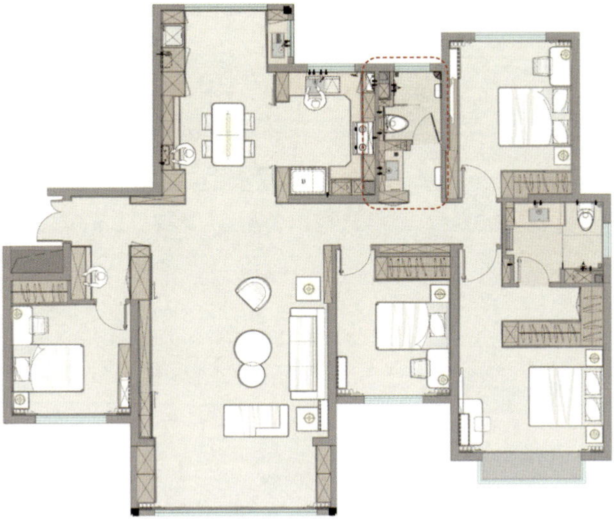

1. 传统卫生间

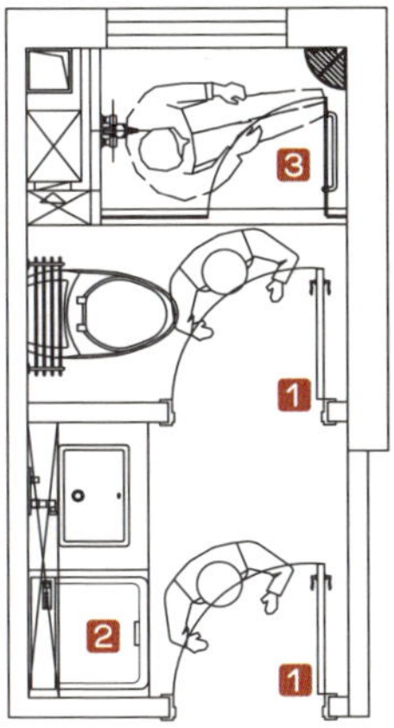

1 内平开门
2 洗手台、洗衣机
3 淋浴门

2. 干湿分离卫生间

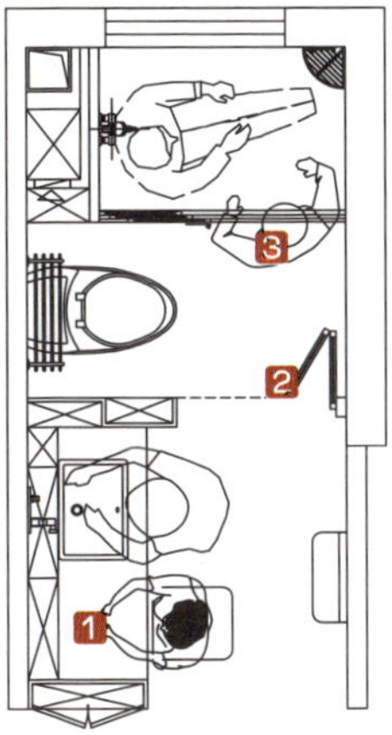

1 梳妆台、洗漱区
2 推拉平开（PD）折叠门
3 三联动推拉门

3. 适老化卫生间

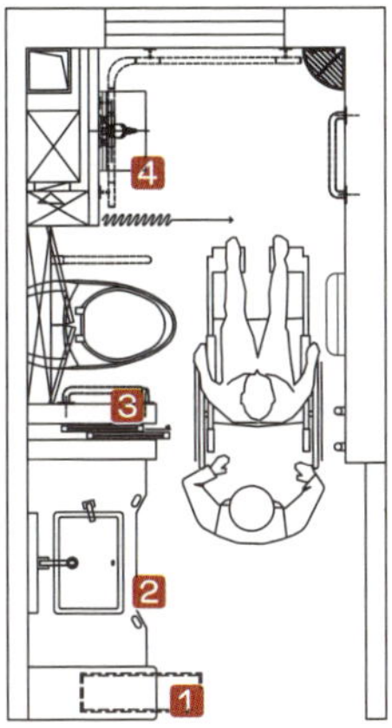

1 矮收纳柜
2 可抓握台盆
3 平移推拉门
4 折叠浴帘（软隔断）

书房常见平面布局解析

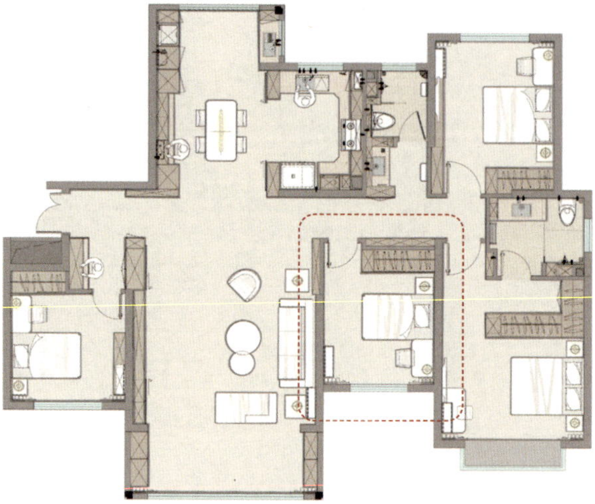

场景 1

可作为工作室，满足学习、伴读的功能需求。

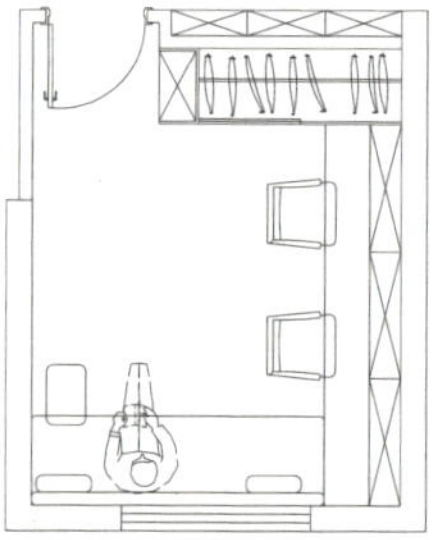

场景 2

可作为临时客卧、儿童房及学习室。

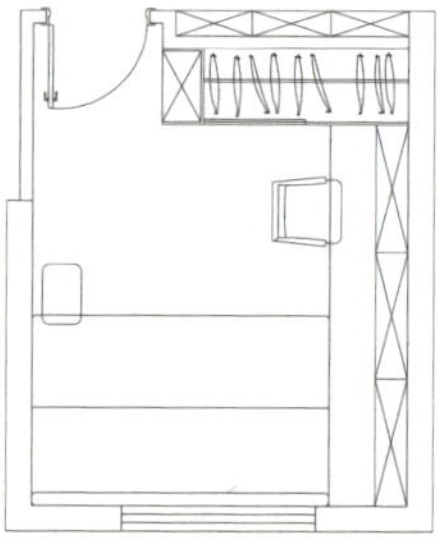

场景 3

可作为网络主播或知识博主的房间等。

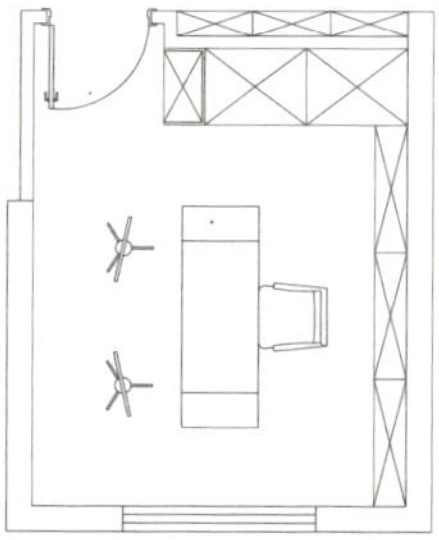

场景 4

可作为瑜伽塑身、静谧冥想的空间。

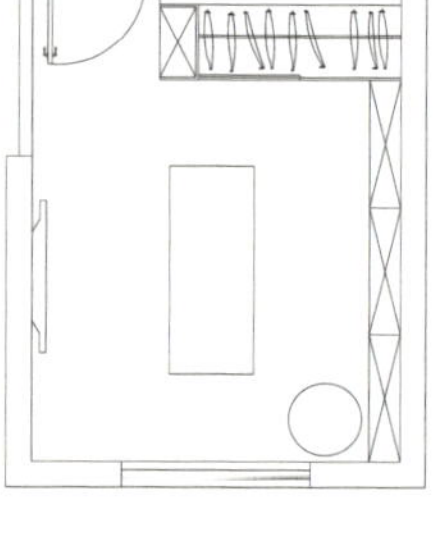

场景 5

可作为亲子活动空间和艺术乐园等。

场景 6

可作为儿童房、榻榻米卧室。

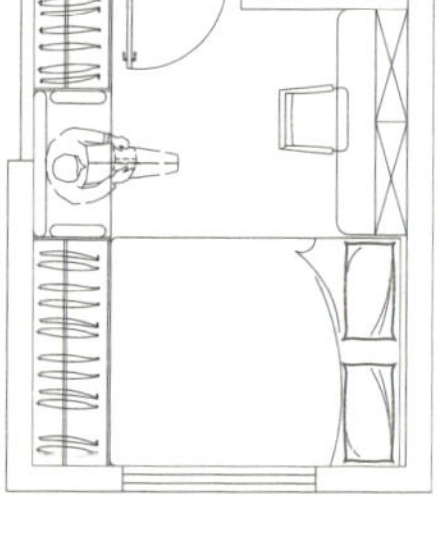

次卧常见平面布局解析

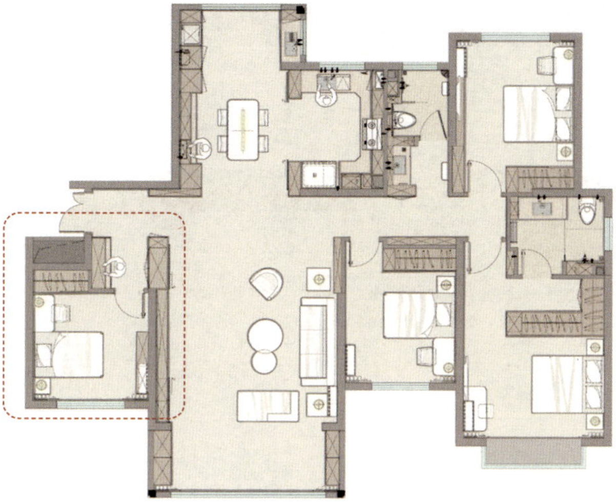

1. 儿童房

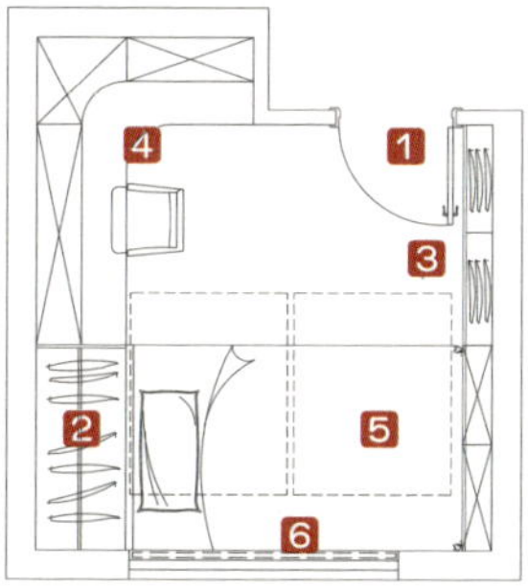

1 房门
2 储物柜
3 超薄收纳柜
4 写字台
5 榻榻米（低位收纳）
6 升降窗帘

2. 两孩房

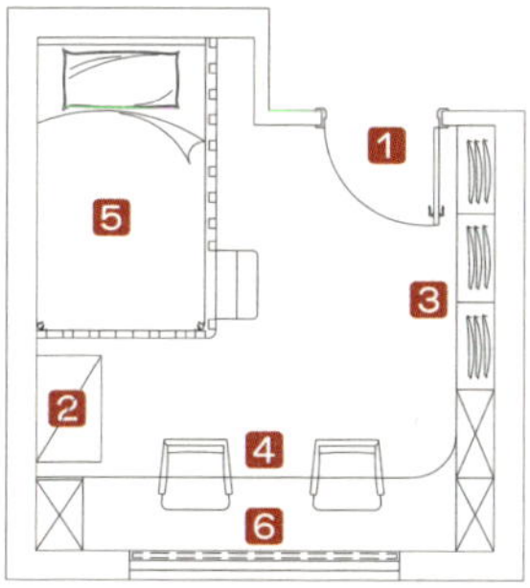

1 房门
2 动态柜体
3 超薄收纳柜
4 双人位书桌
5 两孩高低床
6 升降窗帘

3. 萌宠空间

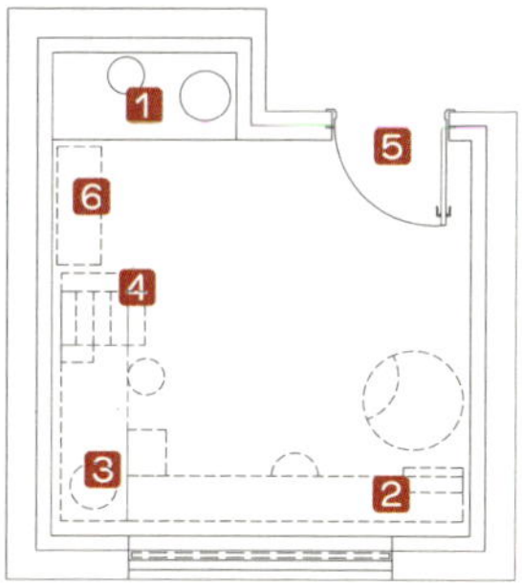

1 喂食区
2 如厕区
3 休息区
4 活动区
5 专用门
6 收纳区

1.3 全屋收纳场景解析

全屋收纳常见形式

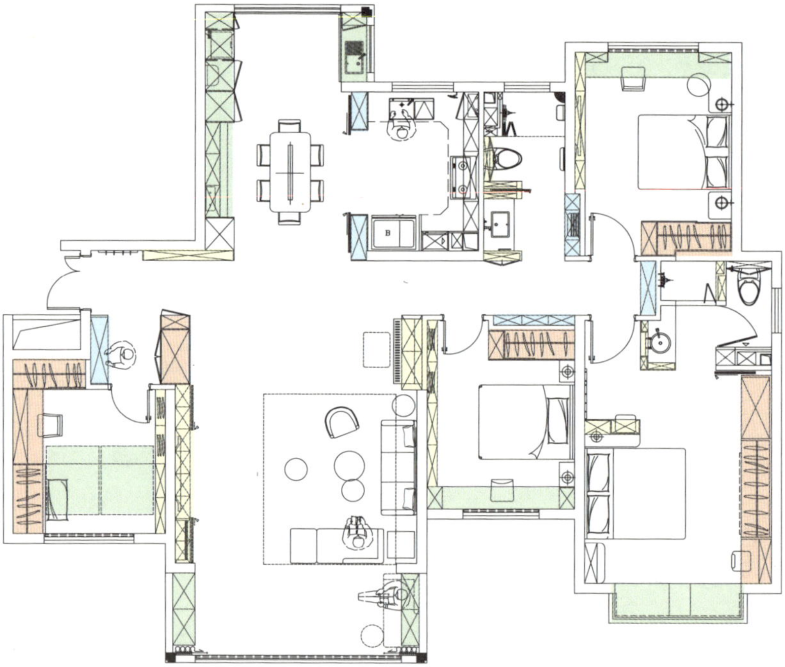

整装融合：定制衣柜，衣柜内部包括换季物品收纳区、净衣区、饰品区、梳妆区等，应平衡柜体的实用性和美观性。

空间再生：再造收纳空间（门偏中位，在门后预留壁装整体柜空间，S 形凹墙收纳），以满足储物需求，规划超薄收纳空间。

多元场景：全屋整装，包括榻榻米床、窗边写字台、阳光书架、家政柜等，融合多种功能，营造井然有序的生活场景。

功能走廊：量身定制 U 形凹墙收纳柜，收纳零散物品。

收纳柜尺寸解析

空间利用不足和功能划分不明确是家居收纳设计的两大痛点。许多业主在装修时未能充分考虑储物需求，导致空间利用率低，整个空间显得杂乱无章。笔者倡导以日常生活需求为出发点，提前规划，考虑使用过程中各功能区及关联部品邻近布置，动线清晰流畅，做到轻松识别取物。

全屋收纳柜进深尺寸

进深	收纳形式
0 ~ 200 mm	洞洞板、磁吸板、门后置物架、S 形凹墙超薄柜、壁龛柜、镜柜等
250 ~ 350 mm	玄关超薄柜、书柜、展示柜、厨房吊柜、电视机柜
450 ~ 550 mm	玄关柜、旋转鞋架、餐边柜、家政柜、吧台柜
600 ~ 700 mm	衣柜、冰箱柜、洗衣机柜、酒柜、嵌入式家电柜、家政柜
800 mm 以上	步入式储物间，用来收纳大件用品，比如行李箱、购物小拉车、婴儿车、轮椅、帐篷等

2

住宅空间精细化设计

2.1 外玄关（私厅）

外玄关（私厅）常见问题及功能需求清单

常见问题

□ 1. 灯具类型不合理，未考虑节能、智能方式，浪费能源。

□ 2. 担心出门忘记带钥匙，回家无法开锁。

□ 3. 双手持物，不便开锁。

□ 4. 担心私厅蚊蝇进入室内。

□ 5. 担心将灰尘带入室内，未设置净脚垫或私厅换鞋柜、除尘器等。

□ 6. 入户门门锁开启后，门打开与墙面碰撞冲突。

□ 7. 声控开启灯光困难，需靠呐喊、跺脚。

□ 8. 入户门未安装预制受力细石混凝土砌块（避免使用空心砖）。

□ 9. 使用嵌入式入户门槛，未考虑与地暖等管线预埋的关联性，如果水管从入户门洞底部穿入户内，则需做穿管保护。

□ 10. 猫眼、门牌号被对联、福字遮挡。

□ 11. 墙垛正面过窄，无法粘贴对联。

小贴士

设计是服务于生活的，应以日常生活需求为导向，设计前期应预先规划场景，设想居住者的行为，思考周全，可有效减少后期的拆改。

常见功能需求清单

- □ 1. **四防门**（防盗、防火、防噪、防寒）
- □ 2. **门槛**（考虑高度，避免磕绊）
- □ 3. **智能门锁**
- □ 4. **防盗猫眼**
- □ 5. **智能门铃**
- □ 6. **智能监控**（预留电源）
- □ 7. **入户挂钩**（考虑重力荷载，加固）
- □ 8. **门挡**（弹性免开孔）
- □ 9. **限位器**（可考虑免开孔）
- □ 10. **外玄关柜**（可带密码锁）
- □ 11. **换鞋凳**（考虑折叠，节省空间）
- □ 12. **除尘毯**（防翘边，避免磕绊）
- □ 13. **驱蚊器**
- □ 14. **感应照明**
- □ 15. **雨伞沥水架**
- □ 16. **防盗扣**
- □ 17. **智能水表**（远程监测用水量数据）
- □ 18. **安全护角**（阳角处考虑防磕碰）
- □ 19. **置物台**（随手置物，解放双手）
- □ 20. **双猫眼**（方便坐在轮椅上观察）
- □ 21. **扶手**（考虑抓扶，助力稳定行走、站立）
- □ 22. **门槛斜坡垫**（避免被门槛磕绊，便于通行）
- □ 23. **醒目标识**（门牌不被遮挡）
- □ 24. **免洗除菌器**（智能感应，及时洁净）
- □ 25. **告示栏**（标记信息，行为指引）
- □ 26. **儿童安全椅**（适幼看护）
- □ 27. **萌宠洁净器**（考虑宠物净脚、清洁等）
- □ 28. **快递放置处**

外玄关（私厅）精细化设计解析

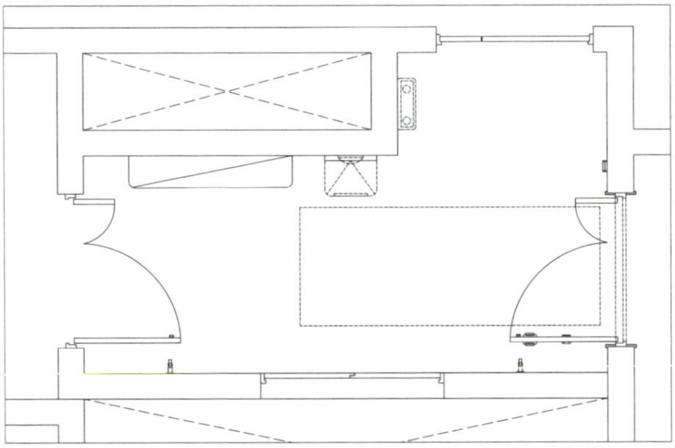

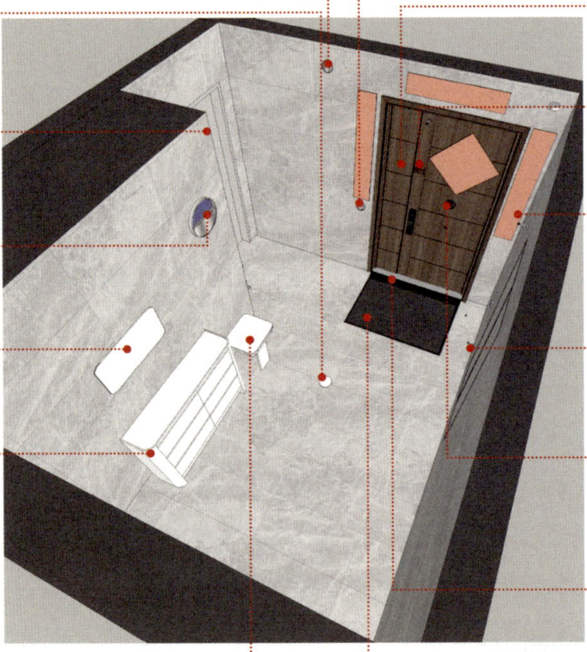

外玄关（私厅）入户门设计对比

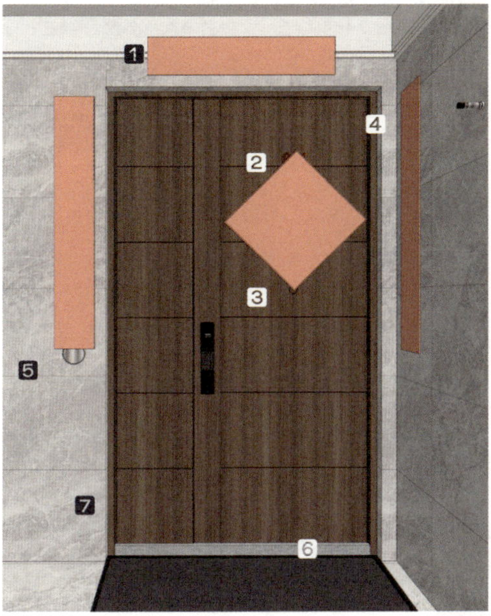

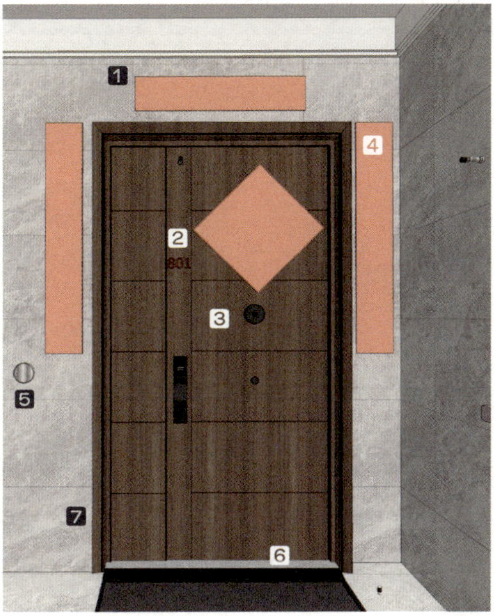

1. 门上方横批与石膏线冲突
2. 门牌号被门福遮挡
3. 猫眼被门福遮挡
4. 门右侧墙垛正面过窄无法粘贴对联
5. 挂钩易与对联粘贴位置冲突
6. 高门槛底框，出入容易造成磕绊
7. 未安装门套外框，易透风，进灰尘

1. 门洞上方宜预留高约 200 mm 粘贴横批的空间
2. 将门牌号定位在门锁正上方，避免被门福遮挡
3. 猫眼安装位置不被遮挡
4. 门两侧墙垛宽度不影响对联粘贴和门扇 90° 开启
5. 挂钩与对联粘贴位置不冲突
6. 使用低门槛底框，或设置门槛斜坡垫，弱化高差，减少出入磕绊的概率
7. 安装门套外框，密封性好

2.2 玄关

玄关常见问题及设计注意点

常见问题

□ **1. 乱：** 玄关没秩序，业主经常找不到东西。

□ **2. 忘：** 匆忙外出，忘记拿东西。

□ **3. 断：** 部品安装打孔失误，无意中切断水电管线。

□ **4. 繁：** 出门前担心未关灯，逐一检查各房间灯是否关闭。

□ **5. 丑：** 入户门颜色与整体装修风格不匹配。

□ **6. 粗：** 缺少“生活化”极致收纳精细化设计。

□ **7. 盲：** 未考虑感应灯，夜晚回家摸黑找不到灯的开关。

□ **8. 晃：** 未设计换鞋凳，站立换鞋不稳当。

□ **9. 堵：** 未考虑透气孔，鞋柜内不透气，容易滋生细菌和真菌。

□ **10. 暗：** 未考虑柜内照明，柜体内无光照，不方便找东西。

□ **11. 湿：** 将沥水架、雨伞、雨衣放置在门外，容易导致地面湿滑。

□ **12. 尺度不合理：** 未考虑调节层板容量，层板间隔大，容易浪费空间；层板间隔小，不能放高靴。

小贴士

考虑收纳的灵活性，柜体设计应具备可变性，比如使用透明可视收纳盒、万向轮收纳盒、折叠梯、子母拉篮、柜门板增容挂篮等。

常见功能需求清单

- □ 1. 换鞋凳
- □ 2. 旋转鞋架
- □ 3. 全身镜
- □ 4. 洞洞板
- □ 5. 次净衣区
- □ 6. 中部置物台
- □ 7. 挂钩或置物层板
- □ 8. 台面补光照明
- □ 9. 中部柜电源插座
- □ 10. 快拆抽屉（可整体移动的抽屉）
- □ 11. 工艺拉手
- □ 12. 柜门拉直器
- □ 13. 底柜离地 + 感应灯
- □ 14. 阻尼广角铰链
- □ 15. 抽拉式或伸缩式层板
- □ 16. 可调节层板
- □ 17. 柜底透气孔
- □ 18. 鞋柜除菌器
- □ 19. 电动擦鞋机
- □ 20. 雨伞沥水架
- □ 21. 柜体内行程感应灯
- □ 22. 换季物品收纳区
- □ 23. 透明的收纳盒
- □ 24. 无底板收纳柜 + 扫地机器人
- □ 25. 高位反射镜
- □ 26. 智能鞋柜
- □ 27. 智能衣柜
- □ 28. 步入式储物间

设计注意点

□ 1. 层板内退，在柜门上设置挂架，增加垂直收纳空间。

□ 2. 设置高柜门拉直器，防止柜体门变形。

□ 3. 使用透明收纳盒，方便查找物品。

□ 4. 使用阻尼广角铰链，柜门可广角开启，方便拿取物品。

□ 5. 合规布局强弱电箱，判断玄关柜横竖分割层板，避免与强弱电箱冲突。

□ 6. 是否预留智能扫地机器人位置及电源（自清洁扫地机器考虑给排水条件预留）。

□ 7. 采用无底板收纳柜，轻松推拉取放行李箱。

□ 8. 使用折叠镜，柜内折叠，隐藏收纳，不占空间。

□ **9.** 使用弹力抽屉，以免搬运时抽屉自动开启，造成抽屉及其内部的物品坠落。

□ **10.** 设置隐藏式换鞋凳，翻板式暗门换鞋凳与柜门一体，收起不占空间。

□ **11.** 柜体拉手建议使用平嵌式或反弹式（自弹力开门）的，避免磕碰和勾住衣服。

□ **12.** 设置柜体行程照明，与开关联动，感应识别。

□ **13.** 判断关联性，看抽屉是否挨着门框，要避免抽拉时被门框、门锁遮挡，影响开启。

□ **14.** 定制收纳空间，收纳羽毛球、篮球、足球、跳绳、雨衣等物品。

□ **15.** 定制无层板收纳柜，在四边立板上设置储物挂架，以此代替层板，增加垂直收纳空间，便于查找物品。

玄关常见功能场景解析

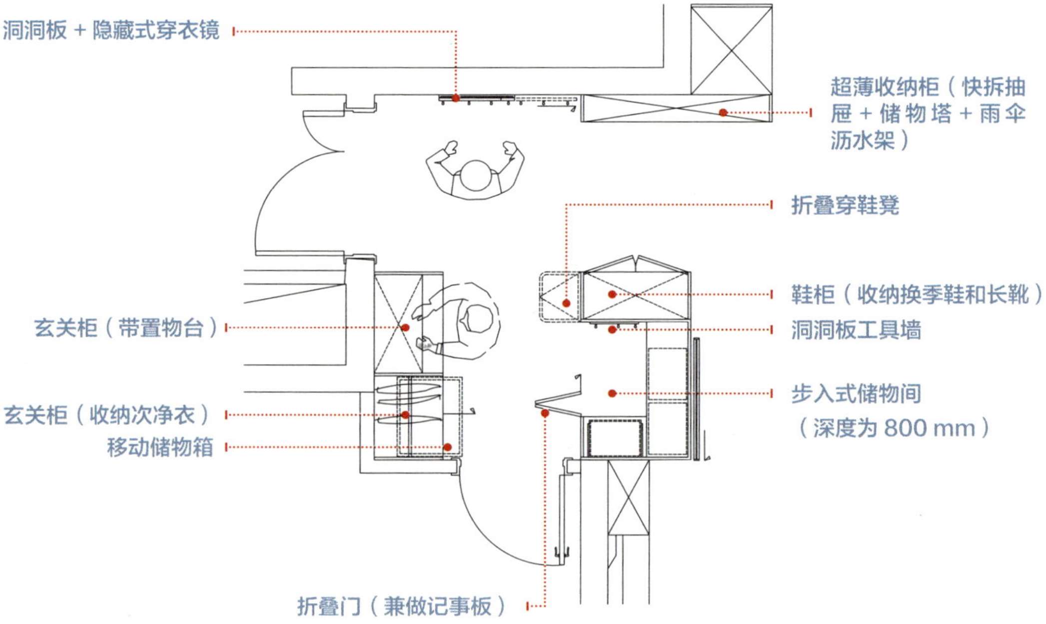

1. 入户玄关柜（带置物台）

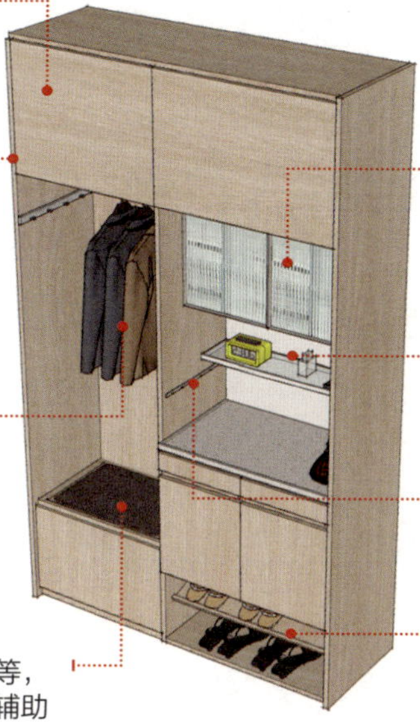

高位置物区

存储低频使用的物品和轻质的换季物品

调节盲板

判断柜体门扇开启时是否与邻近门框冲突，可设置盲板，避免门扇被遮挡

次净衣收纳区

收纳高频使用的衣帽，无柜门，一目了然

移动换鞋凳

储物箱中可存储球类玩具等，抽拉移动可兼作登高凳，辅助拿取高处的物品

中部吊柜内退

吊柜适当内退，预留头部空间，站立换鞋时扒扶台面不碰头

补光照明

在中部置物台设置手扫感应灯，查找物品不摸黑

挂钩

免打孔，悬挂钥匙等，一目了然

留空两层

上层放拖鞋，深度为 300 mm，下层放当季常换鞋；设计坡面层板，便于取放鞋子，阻隔地面灰尘

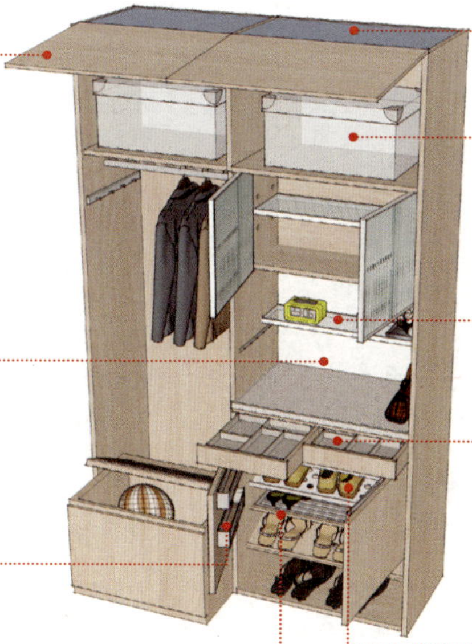

随停铰链

高位柜向上开启扇，配置随停铰链，开启角度可根据需求调整

预留插座

考虑使用 USB Type-C 快充接口，为手机、香薰等小电器供电，确保插座基层规范，消除安全隐患

挂式置物篮

合理利用空间，常用杂物可视化收纳，方便查找

伸缩鞋架

高矮可调，按需分层，可拆卸擦拭清洗

镜面反射

可在高位柜顶部内侧粘贴反射材料，方便在低处观察高位存放的物品

收纳低频使用的物品

最高处存放不常用且重量较轻的物品，可配置透明收纳盒，快速识别，便于取放

扩容收纳

在中部柜墙面上设展示层板，扩容收纳，充分利用垂直分层空间

格子抽

分格收纳，告别凌乱，放置日用品及首饰等小物件

透气孔

在鞋柜层板上预留透气孔，确保柜体内的空气流通

2. 玄关区收纳场景

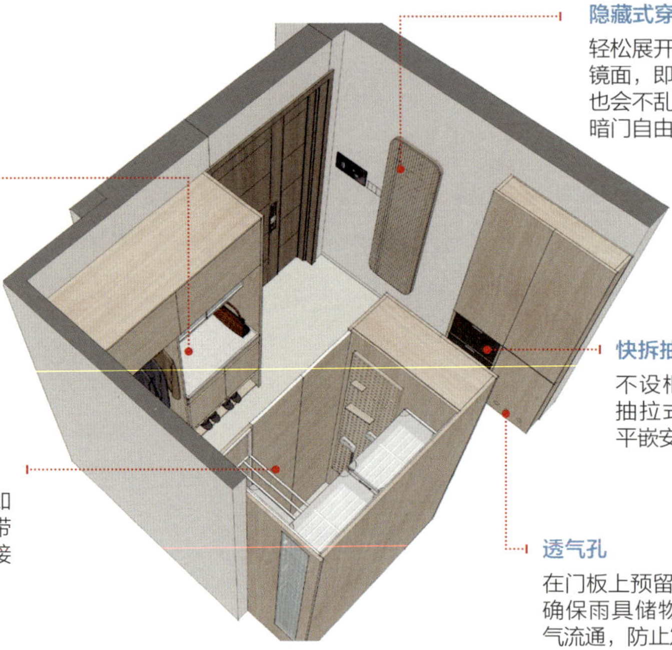

隐藏式穿衣镜

轻松展开，随心安放，防爆镜面，即使意外磕碰，碎片也会不乱溅，更安全；挂衣暗门自由钩挂，随手放置

玄关柜（带置物台）

在中部展示柜中放置高频使用的物品，比如包包、钥匙、首饰等

快拆抽屉

不设柜门，采用同色系抽拉式收纳盒，与柜体平嵌安装，简洁美观

步入式储物间

收纳大件物品，比如儿童车、行李箱、带轮购物袋等，可直接推拉进出

透气孔

在门板上预留透气孔洞，确保雨具储物柜内的空气流通，防止发霉

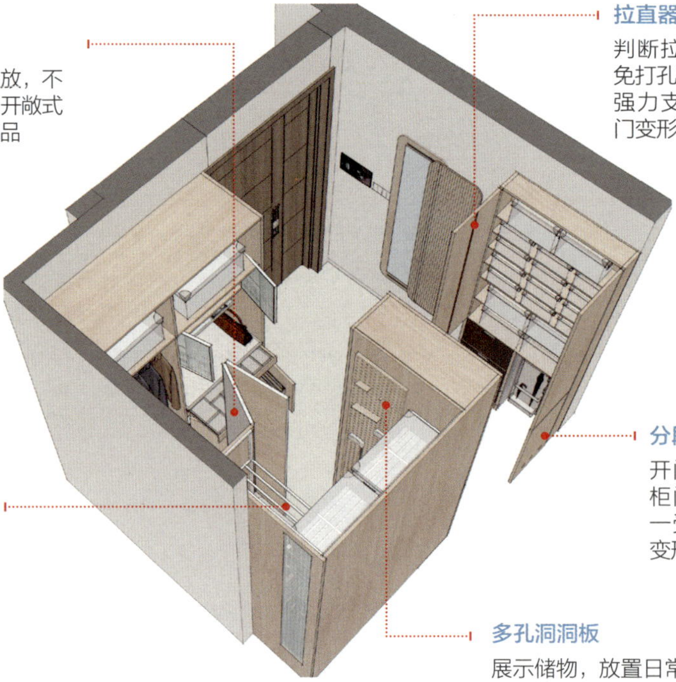

拉直器

判断拉直器类型（明装免打孔或开孔嵌入式），强力支撑柜门，防止柜门变形

折叠门

折叠门扇开启边侧叠放，不占用内部储物空间，开敞式入口方便进出取放物品

分段式柜门

开门更方便，降低柜门高度，减少单一受力，降低柜门变形概率

AA 柱系统

多样收纳组件，功能按需求灵活调节，可随心自己设计

多孔洞洞板

展示储物，放置日常维修小工具，一目了然

3. 步入式储物间

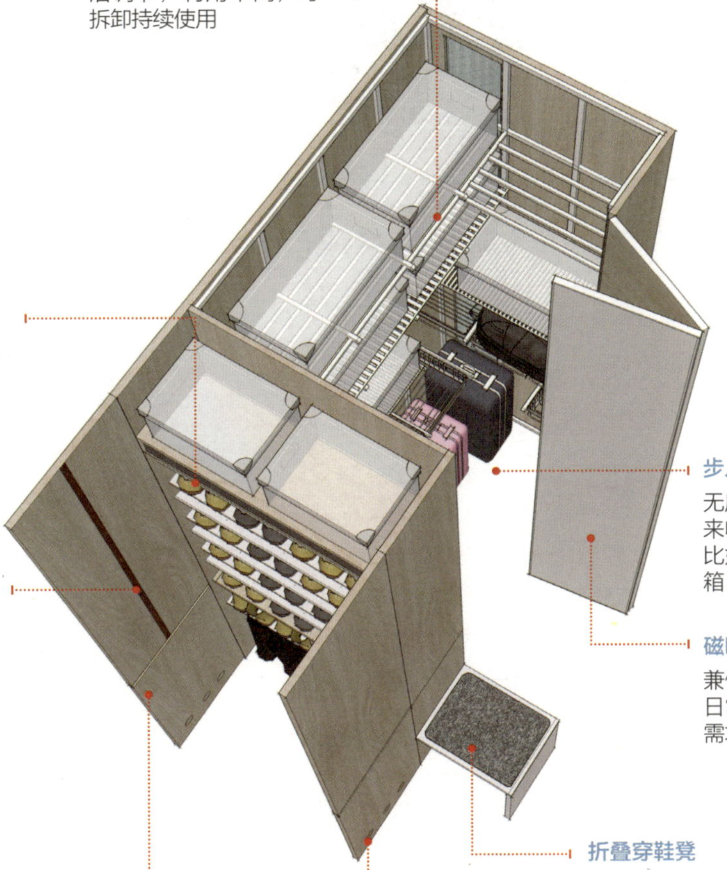
组合支架
金属模块化设计，可灵活调节，利用率高，可拆卸持续使用
行程照明
开门亮灯，查找物品不摸黑
拉直器
强力支撑柜门，防止门扇变形
分扇柜门
高位存储低频使用的物品（比如换季鞋），低位存放高频使用的物品，分扇开启
透气孔
在门板上预留透气孔，确保空气流通，保持干燥
步入式储物空间
无底板收纳柜，用来收纳大件物品，比如儿童车、行李箱、购物车等
磁吸板折叠门
兼做记事板，满足日常写画、记事等需求
折叠穿鞋凳
可隐藏折叠收起，不占用空间，邻近鞋柜，方便随手取放和坐着换鞋

4. 鞋柜内部

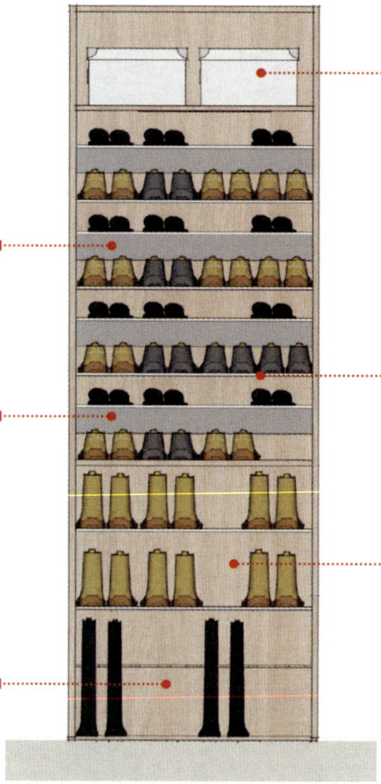

高位低频储物区

最高处宜存放不常用且重量比较轻的物品，可配置透明收纳盒，便于取放物品

除臭机

鞋柜烘干，辅助除臭、杀菌

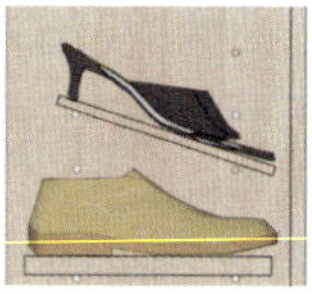

调节板

层板可根据需求灵活调节，存放不同规格的鞋子

斜面层板

超薄防水斜面层板，可拆卸清洗，扩容收纳

中筒鞋放置区

调节层板，放置不同规格的鞋子

高跟鞋放置区

卡位鞋托架，辅助直立存放，不变形

5. 超薄收纳柜内部

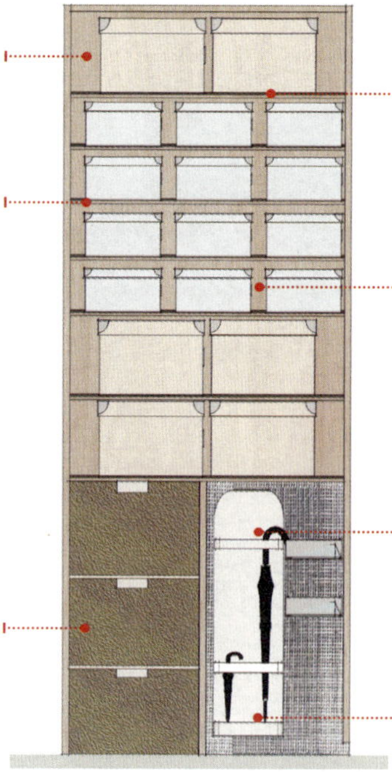

高位储物

存储不常用的重量比较轻的物品

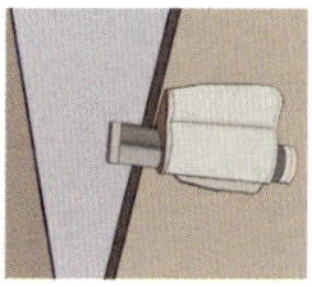

柜门反弹器

免装拉手，按压反弹开启，暗门设计简洁美观

调节板

可根据需求灵活调节层板高度，可存放不同规格的物品

极致收纳

有效利用墙面空间，采用超薄柜搭配透明收纳盒的形式，进行精细化收纳

随心抽

抽拉式收纳盒，可以和盒子一起取走，方便随时整理

雨具存储区

根据防水需求，在柜体内壁贴防潮膜、金属蜂窝铝板，防止板材受潮、变形、发霉

雨伞沥水架

长短伞皆可收纳，长伞竖放，拿取便携，托盘可分离，方便沥水

2.3 客餐厅

客餐厅常见问题及设计注意点

常见问题

☐ 1. **插座被遮挡：**沙发旁的插座被沙发或边几遮挡，使用时需搬动家具。

☐ 2. **插座外露：**电视机安装高度及形式不匹配电源接线，线头裸露太多。

☐ 3. **光污染：**亮面地砖存在高强度光反射，隐形光污染。

☐ 4. **净高低：**大面积吊顶，导致净高低，可设置云光角线，减少边吊。

☐ 5. **展柜开放：**柜体未设置玻璃门，易落灰尘，增加了频繁清理的烦恼。

☐ 6. **波打线问题：**波打线费工费料，摆放家具后波打线易被遮挡，显凌乱。

☐ 7. **做传统电视机背景墙：**传统电视机背景墙容易过时且功能单一。

☐ 8. **设置主吊灯：**影响房间净高及视觉感受，容易积累灰尘，不便清洁。

常见功能需求清单

客厅

☐ 1. LDK+B 一体化

☐ 2. 升降投影幕布

☐ 3. 客厅阅读灯

☐ 4. 电动沙发、按摩椅、闺蜜机（移动智慧屏）

☐ 5. USB Type-C 接口

☐ 6. 智能紧急求助（语音呼叫）系统

☐ 7. 智能开窗器

☐ 8. 智能监控设备

☐ 9. 红外幕帘探测器

☐ 10. 无主灯

☐ 11. 调温调色开关

☐ 12. 暗藏升降窗帘

☐ 13. 云光角线

☐ 14. 领航小夜灯

餐厅 □ **1. 餐边柜**

□ **2. 管线饮水机**

□ **3. 平嵌抽拉式餐边柜**

□ **4. 岛台餐桌**

□ **5. 充电盒子**（常见形式有电动升降插座、无线充、滑轨插座）

□ **6. 岛台水盆**

□ **7. 隐藏式电磁炉或抽油烟机**

□ **8. 滑轨插座**

设计注意点

□ **1. 规划合理：**确保储物空间丰富，避免家具拥挤。

□ **2. 采光充足：**改善因窗户太小或位置不佳而导致的室内光线昏暗。

□ **3. 通风顺畅：**确保空气流通，提高居住舒适度。

□ **4. 隐藏电线：**若电线裸露，则存在安全隐患，且不美观。

□ **5. 选材得当，注重环保性能：**若材料选择不当，则容易积累灰尘和污渍，建议使用科技环保材料，打造健康绿色空间。

□ **6. 注意隔声：**侧重声学设计，优化声学环境，确保隔声降噪。

□ **7. 风格统一：**减少装饰元素，确保整体风格简洁，家具和装饰风格要统一。

□ **8. 照明设计合理：**充分利用自然光，照明不足或光线刺眼会影响居住体验。

□ **9. 设计实用：**设计避免因过于追求美观而忽略实用性。

□ **10. 细节处理得当：**若门窗框、阳角等细节处理粗糙，则影响美观度。

□ **11. 功能多元化：**选择多功能、可移动家具，去除不必要的家具，满足家庭用餐、阅读办公、运动休闲、观影娱乐等多元化需求。

□ **12. 智能家居：**集中控制家中的智能设备，配备先进的智能家电，比如智能电视机、扫地机器人等，为居住者提供多样化体验，提升居住便利性。

□ **13. 健康养生：**配备智能健身和空气净化设备，便于做瑜伽、冥想，确保健康生活。

客餐厅常见布局 1

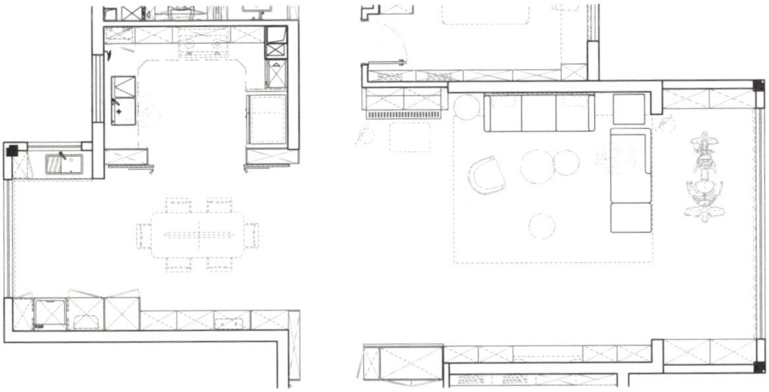

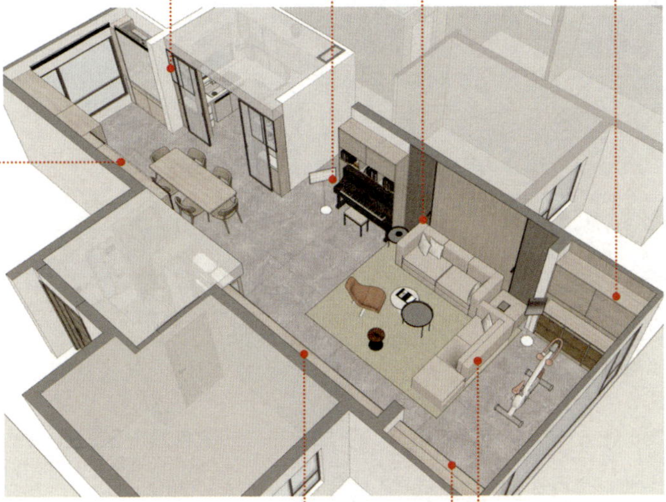
吊轨玻璃移门，开敞式厨房便于交流
钢琴兴趣角
壁装可伸缩阅读灯
隐藏晾晒装置，可在窗景前健身
餐边柜
智能影音设备
阳光书架
沙发随心组合

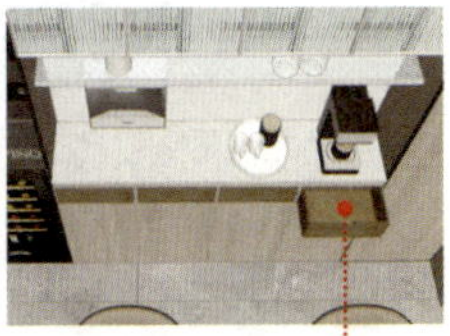
餐边柜（壁挂管线饮水机＋快拆抽屉＋储物柜）

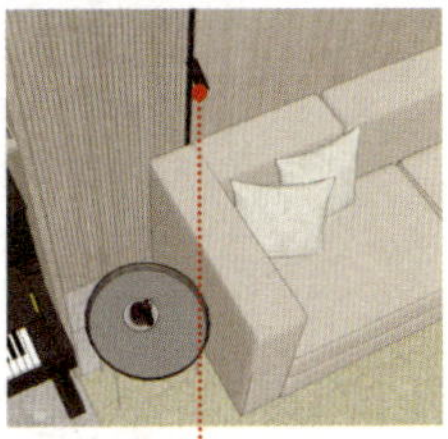
沙发旁壁装可伸缩阅读灯

客餐厅常见布局 2

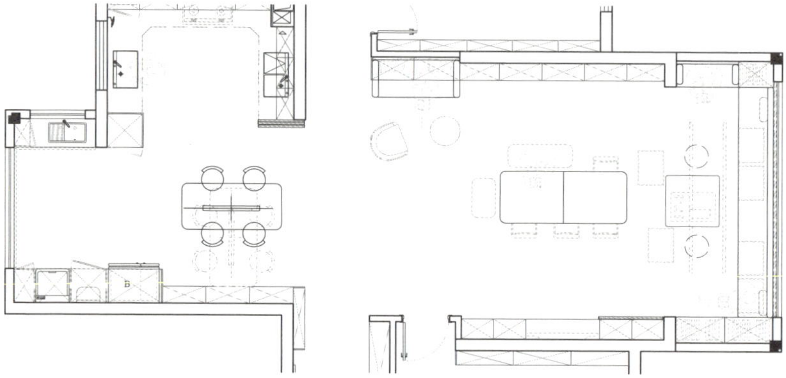

定制推拉写字板，满足书写及伴学成长需求

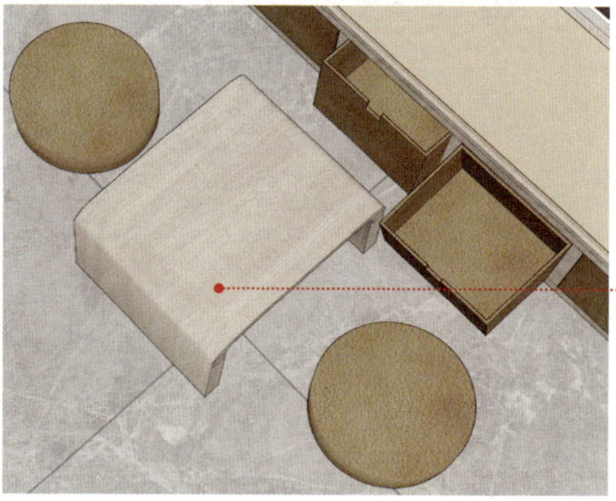

棋盘娱乐区，随心抽方便整体移动和随时收纳归位

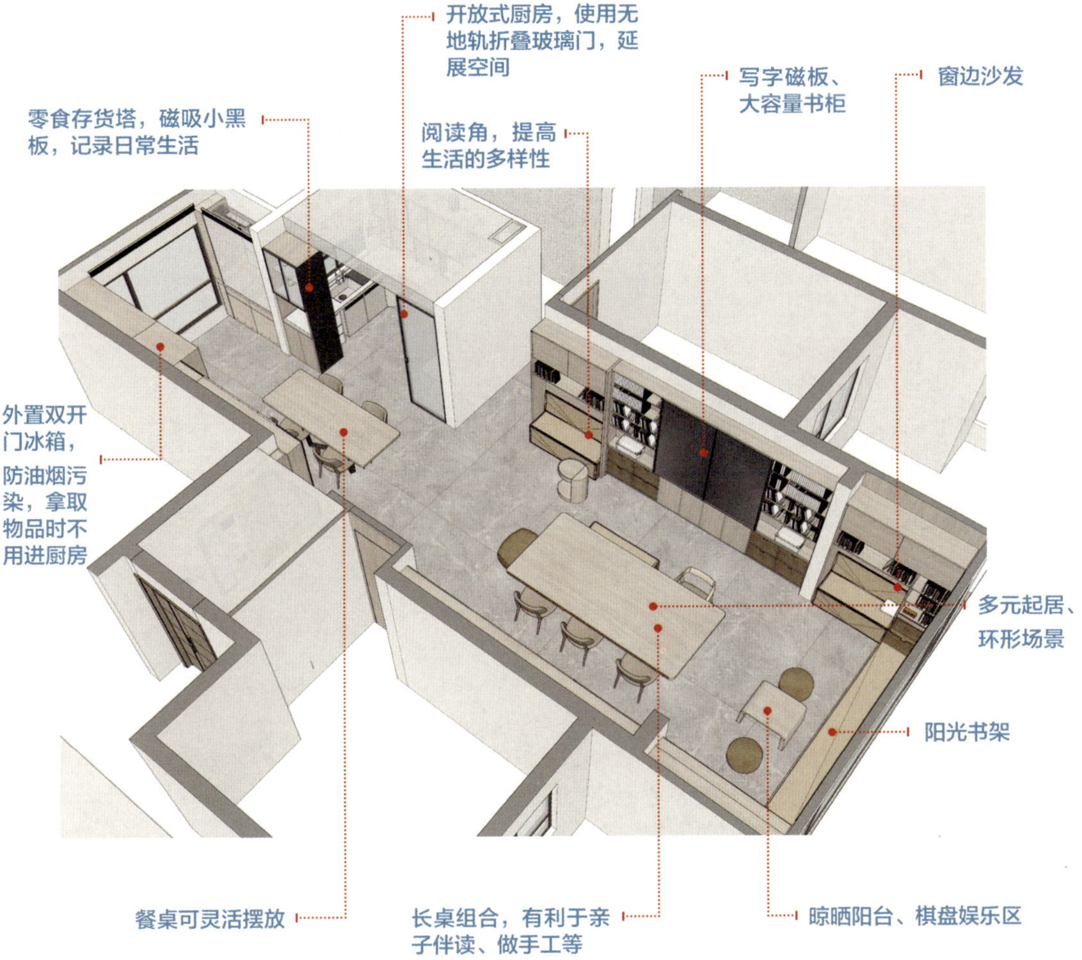
开放式厨房，使用无地轨折叠玻璃门，延展空间
零食存货塔，磁吸小黑板，记录日常生活
阅读角，提高生活的多样性
写字磁板、大容量书柜
窗边沙发
外置双开门冰箱，防油烟污染，拿取物品时不用进厨房
多元起居、环形场景
阳光书架
餐桌可灵活摆放
长桌组合，有利于亲子伴读、做手工等
晾晒阳台、棋盘娱乐区

长桌组合，有利于亲子伴读、搭积木、做手工，亦可以在此做直播、办公

客餐厅常见布局 3

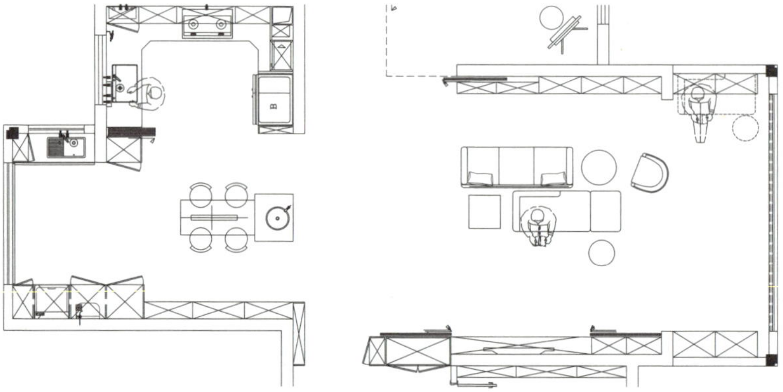

岛台集成餐桌，满足居家办公、吃火锅的用电需求

储物高柜

双向客厅，洄游动线

写字磁板，大容量书柜

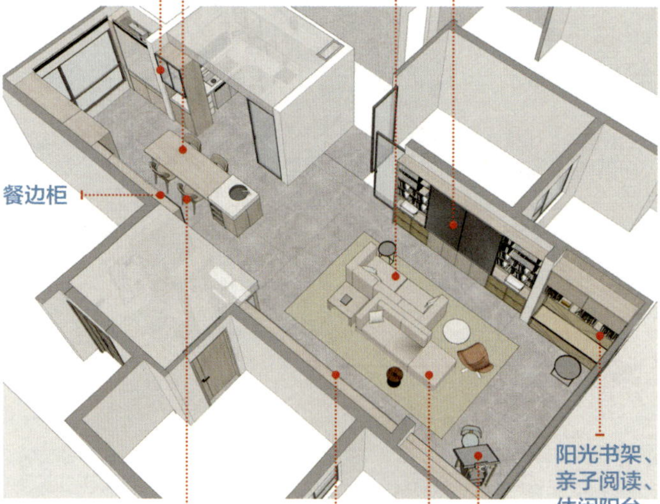

餐边柜

阳光书架、亲子阅读、休闲阳台

低扶手餐椅，方便转身，不占通道空间

智能影音设备

移动沙发，随心转场，方便家人互动

晾晒阳台、兴趣乐园

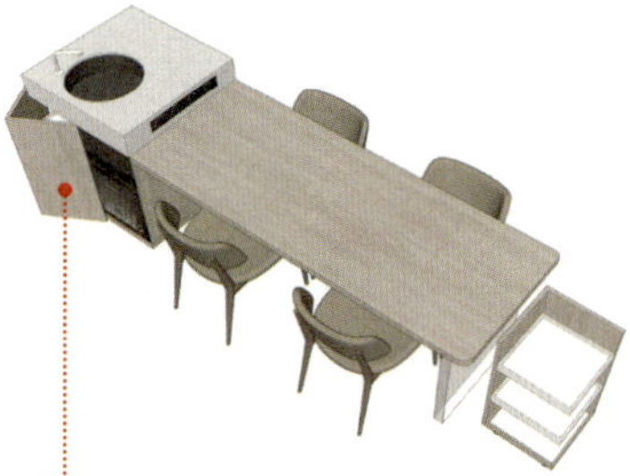

岛台集成餐桌，暗藏水槽、直饮水、消毒柜等

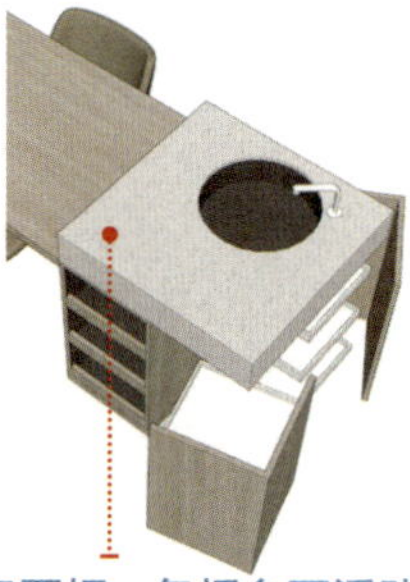

岛台多面柜，包括台下活动柜，移动推拉，使用方便

2.4 厨房

厨房常见问题及设计注意点

常见问题

□ 1. **未设置倒置底板：** 台面易变形，影响平整度，时间久了，容易产生裂缝、塌陷。

□ 2. **未重点加固水槽：** 清洗锅碗时重力加大，台面易因受潮变形，易导致塌陷。

□ 3. **台面高度不合理：** 结合居住者的身高定制合理的台面高度，避免弯腰难受。

□ 4. **冰箱与柜门冲突：** 冰箱与操作台邻近布置时，注意柜体门不要被冰箱遮挡。

□ 5. **未考虑电器设备与插座的位置关系：** 插座安装在设备正后方时，会影响设备归位。

□ 6. **未考虑门洞净宽：** 根据冰箱规格（单开或双开），判断门净宽是否方便搬运冰箱。

□ 7. **窗户与水槽水龙头冲突：** 注意窗户开启扇与水槽水龙头的高度关系，避免窗扇与水龙头冲突，影响窗户开启。

□ 8. **抽油烟机与插座冲突：** 注意抽油烟机与插座的关系，以免影响抽油烟机安装。

□ 9. **柜体不便于清洁：** 柜体门板使用易擦洗材质，防划痕、耐油污。

□ 10. **未考虑把手磕碰问题：** 柜体把手凸出太多，影响邻近抽屉开启。

□ 11. **未考虑厨房门的可视性：** 注意厨房门的类型，未在门扇上预留可视窗，可能会造成视觉盲区。

常见功能需求清单

- □ 1. **隐形吊轨移门**
- □ 2. **隐形厨盆**
- □ 3. **抽拉式龙头**
- □ 4. **净水器龙头**
- □ 5. **废水龙头**
- □ 6. **台面洗洁精龙头**
- □ 7. **灶台龙头**
- □ 8. **平嵌冰箱**
- □ 9. **超级侧翻板**
- □ 10. **电器柜**（平嵌式、抽拉式）
- □ 11. **洗碗机**
- □ 12. **集成式水槽**
- □ 13. **智能抽油烟机、集成灶**
- □ 14. **凉霸**
- □ 15. **管线饮水机**
- □ 16. **隐藏式热水器**
- □ 17. **中间柜**（柜中柜）
- □ 18. **台面补光照明**
- □ 19. **安全插座**（滑轨插座、带独立开关的插座）
- □ 20. **台下小电器**（垃圾处理器、净水器等）
- □ 21. **水浸自闭阀**
- □ 22. **燃气警报器**
- □ 23. **升降拉篮**（机械式或智能柜）
- □ 24. **触感自弹抽屉**
- □ 25. **隐形置物板、简餐台**
- □ 26. **踢脚抽、轻松抽**
- □ 27. **台下留空开放柜**（可存放移动垃圾桶、果蔬拉篮等）
- □ 28. **行程照明开关**
- □ 29. **防水铝箔板**（防霉、防潮）
- □ 30. **转角操作台**（延展台面空间）
- □ 31. **挡水条**（可延展成置物台中台）
- □ 32. **止水沿**
- □ 33. **集成蒸烤箱**

小贴士

厨房设计要用心，合理布局是关键。储物空间要充分，方便使用不费力。
台面高度要适中，操作起来才顺手。灯光照明要充足，避免阴影看不清。

设计注意点

□ 1. **丰富储物空间：**厨房物品繁多，储物空间不足会导致物品杂乱。

□ 2. **合理规划操作空间：**若厨房操作空间（台面）不足，没有专门的备餐区，则会导致备餐过程混乱。

□ 3. **照明设计合理：**若照明不足或光线不合理，则会导致视线不清，影响烹饪。

□ 4. **合理规划水电：**若水电设施布局不合理，则会影响使用效果，还会存在安全隐患。

□ 5. **注意地面的防滑性：**若厨房地面防滑性差，则人容易摔倒。

□ 6. **墙面易清洁：**若厨房墙面材质选择不当，则容易脏污且难以清洁。

□ 7. **选择合适的防水材料：**若防水材料选择不当或质量不佳，可能会出现起鼓、发霉、变形等问题。

□ 8. **确保热水供应：**若厨房缺少热水，则可能会影响洗涤和清洁工作。

□ 9. **确保充足的插座数量：**若厨房插座数量不足或位置不合理，会导致电器使用不便。

□ 10. **预留多功能空间：**厨房不仅用于烹饪，可能还会融入美食直播、厨艺展示等功能。

□ 11. **集成化设计：**将厨房的各种设备和功能集成起来，提高空间利用率和操作效率。

□ 12. **根据需求选择开放式与半开放式设计：**根据家庭成员的需求和喜好，灵活选择开放式或半开放式厨房。

□ 13. **设计要符合人体工程学：**优化操作台高度、空间动线等，提升使用舒适度。

厨房常见问题自查

1. 操作台区的 2 个常见问题

（1）是否遵循取、放、洗、切、炒、盛的基本动线？

复核台面各功能区之间的连续性，预留合理的操作台空间，确保动线流畅。

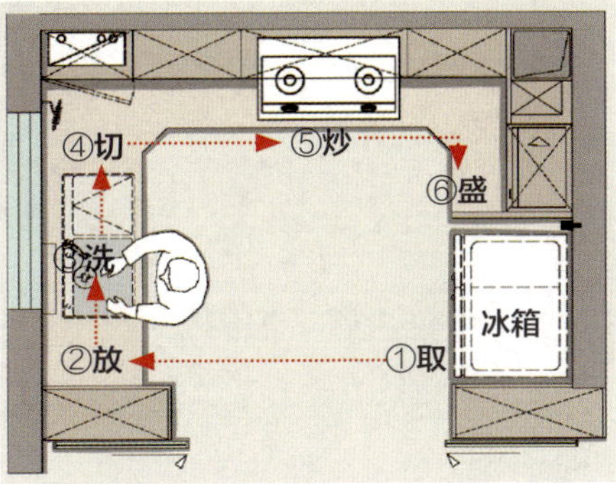

（2）管道检修口是否被遮挡？

装修时经常出现管道检修口被遮挡的现象，绘图中需重视叠图，复核检修口高度及开口方向，注意综合管线及邻近部品的位置关系，避免被附近的燃气管、操作台或挡水石遮挡。

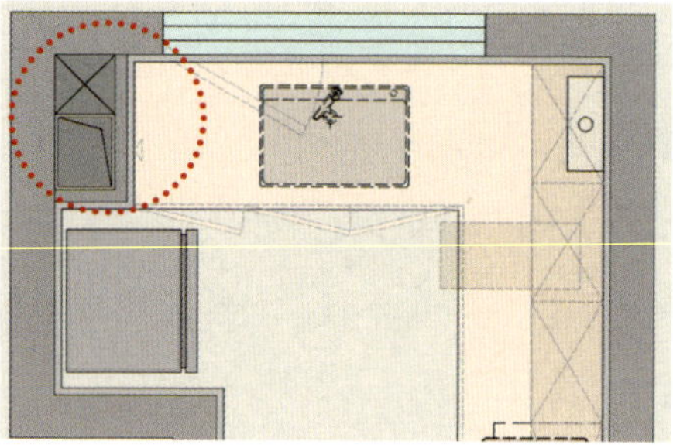

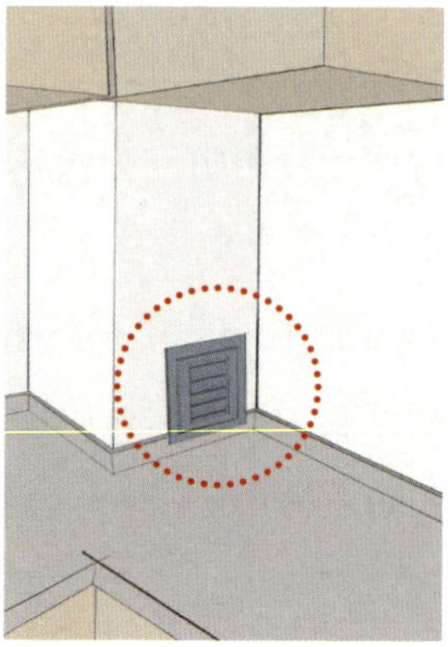

2. 水槽区的 5 个常见问题

（1）水槽两侧是否有充足的置物空间？

复核水槽类型及规格，判断水槽两侧台面是否满足取、放、洗、置物的空间需求。

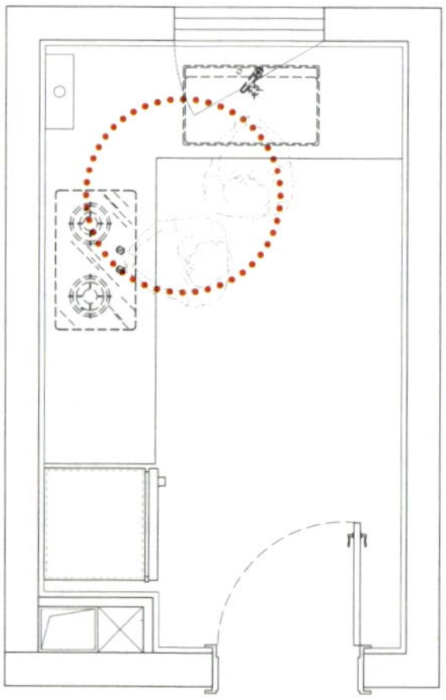

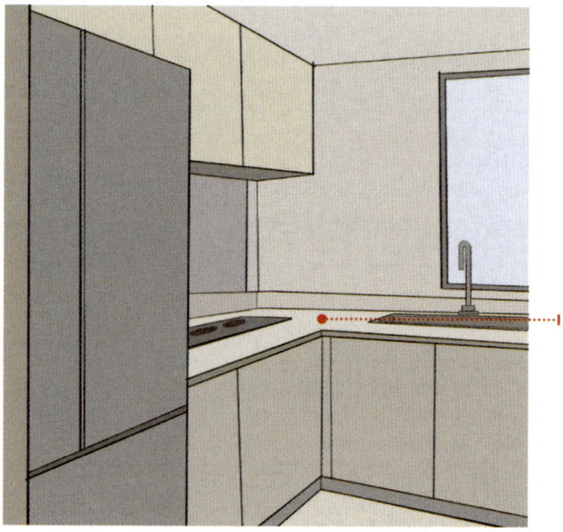

水槽与灶台之间操作空间过小，影响两人同时使用，可把水槽往右移，这样水槽与灶台区就能同时站人使用

（2）水槽是否做了加固处理？

注意水槽的安装方式及类型（台上盆、台中盆、台下盆），考虑受力需求，避免坠落、塌陷问题。

（3）水龙头是否碰手？

复核水龙头规格及类型，位置不要太低，以免使用时磕碰到手及不便清洗大件锅具。

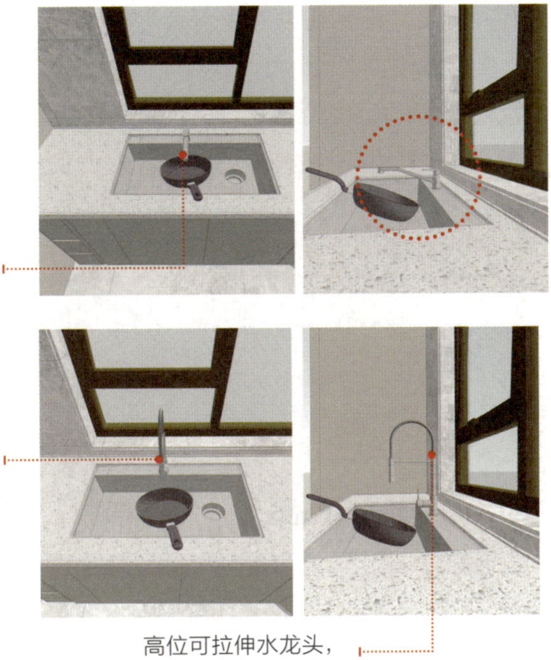

（4）水龙头是否与窗扇冲突？

复核水龙头规格及类型，判断临窗水龙头是否过高，是否与窗扇开启冲突。窗扇下部可预留固定扇，或水龙头尽量避开窗扇安装，可避免冲突 。

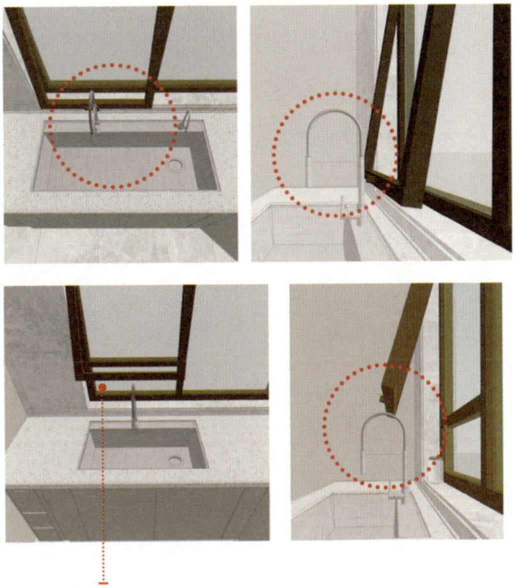

（5）洗菜盆排水孔类型是否合理？

复核水槽排水孔位置，包括盆中、盆侧和盆后。考虑排水孔与台下设备的关系，比如与垃圾处理器、净水器、加压泵等的关联性。复核地漏位置，避免排水孔与地漏偏离太多，导致排水管线影响低柜储物及设备放置。

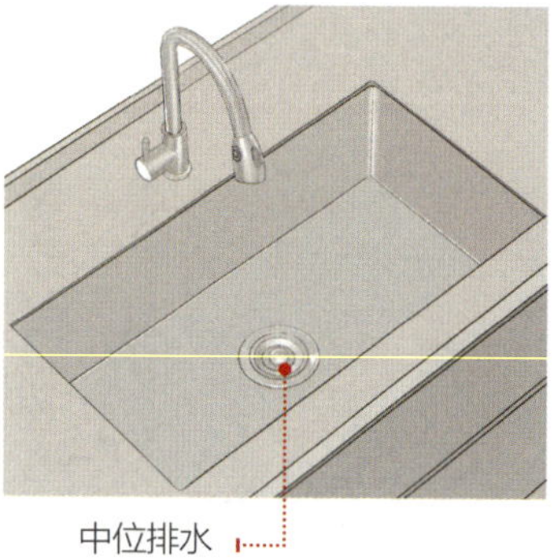

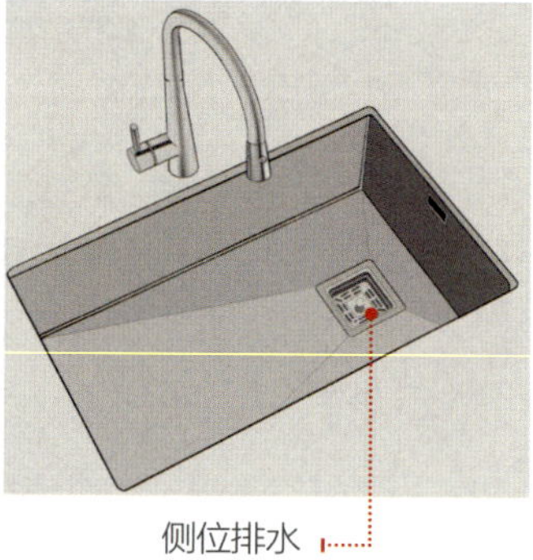

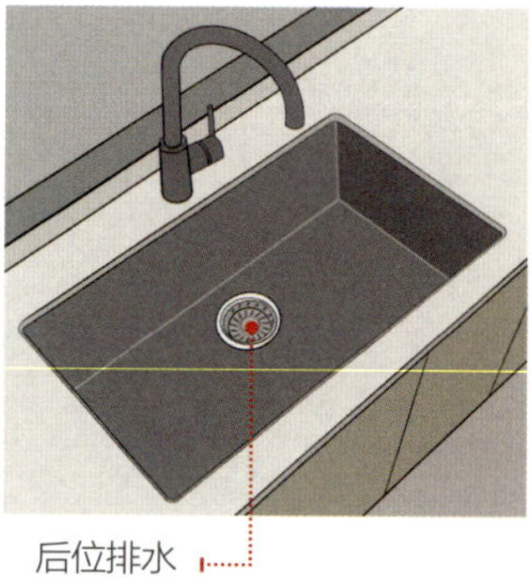

3. 厨房冰箱摆放的 5 个常见问题

（1）冰箱摆放的位置是否与厨房门冲突？

冰箱靠近厨房门口时，应便于识别，以免开门时造成碰撞。

宜选用推拉门，避免行为路径冲突。

判断开门碰撞风险，尽量不要在门后放置冰箱，避免使用冲突。

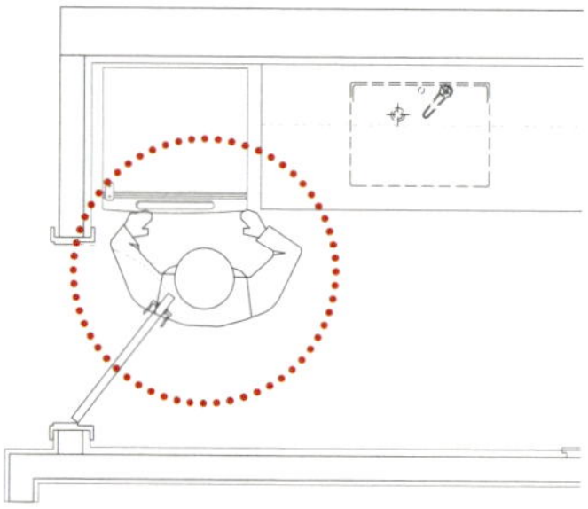

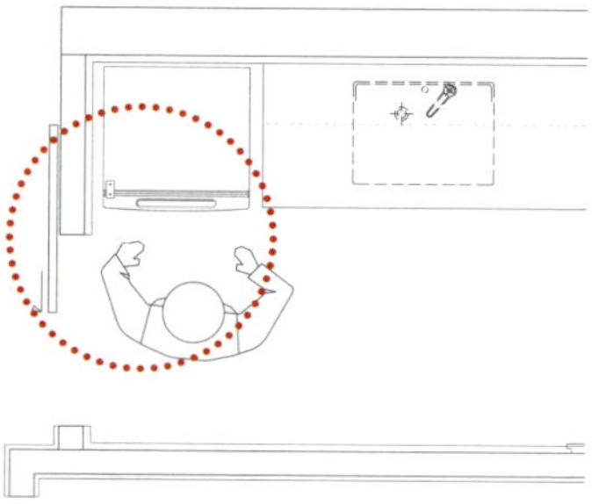

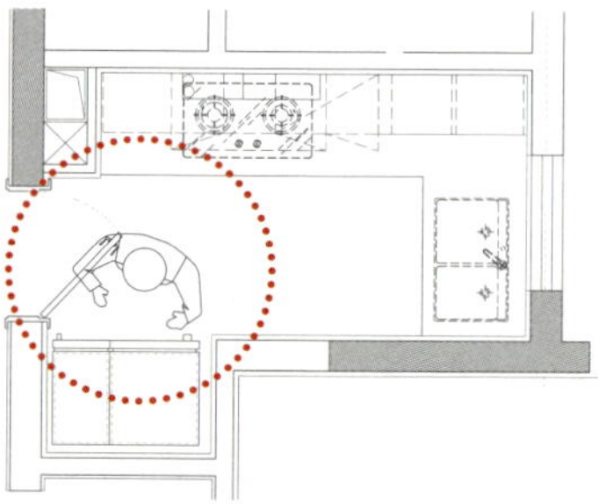

（2）冰箱是否与开关冲突？

厨房空间较紧凑，门口侧墙上通常安装有照明开关，需判断其是否与冰箱冲突。开关宜布置在厨房门外，且要避免被家具、家电遮挡，以及避免受油烟、高温、水汽影响。

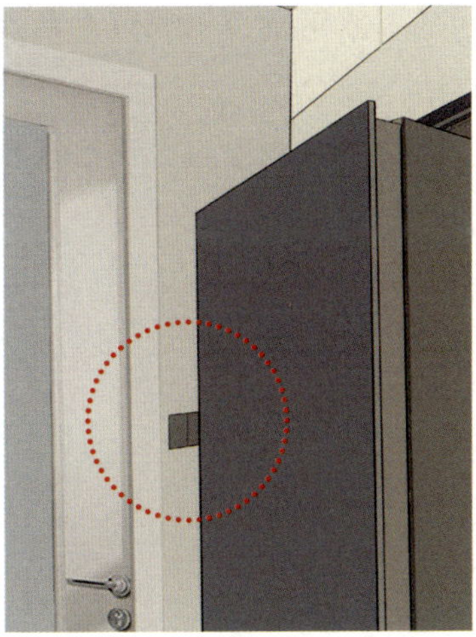

（3）冰箱是否与插座冲突？

判断插座位置及类型，避免插头与冰箱卡位冲突，影响归位。插座宜位于冰箱侧面或高于冰箱，这样更方便识别操作和避免叠加冲突。

（4）冰箱摆放后是否与邻近柜体开启冲突？

判断冰箱的位置及类型，避免放置冰箱后柜门无法开启。设计柜体时需考虑开门半径，判断是否与邻近部品冲突。

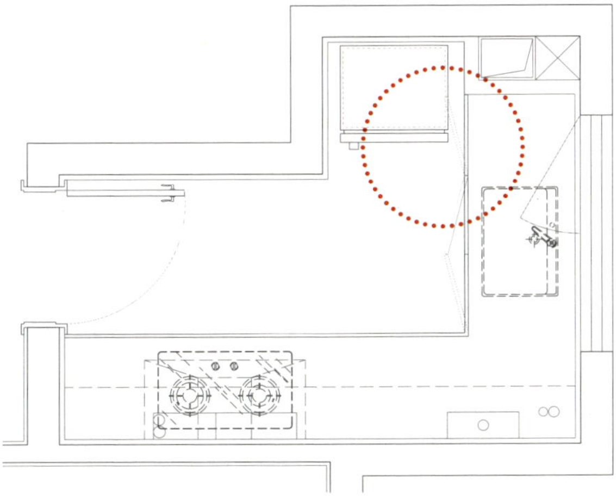

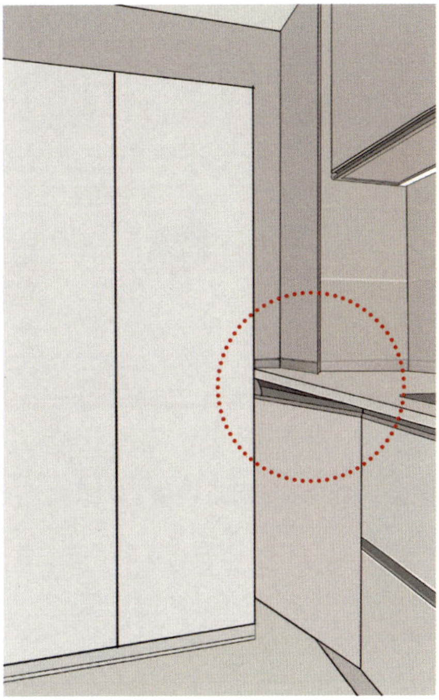

（5）冰箱是否与燃气灶及其他电器距离太近？

判断燃气灶与冰箱之间的距离，避免过近，影响冰箱制冷。

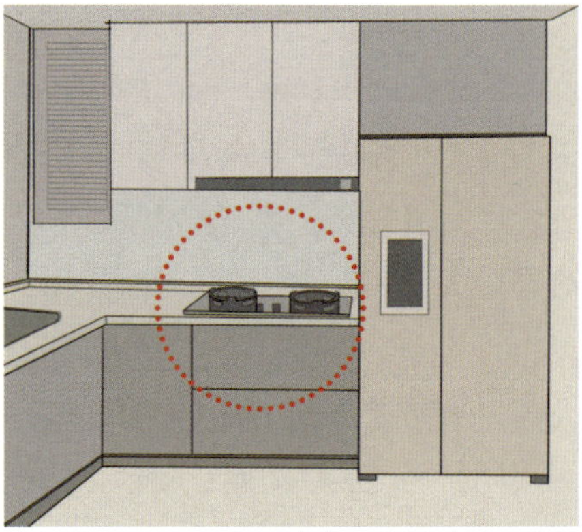

4. 灶台区的 11 个常见问题

（1）灶台两侧是否有合理的置物空间？

判断灶台两侧是否有炒、放、盛的操作空间。

复核灶台、水槽、冰箱等设备规格及安装间距，根据厨房操作动线和空间大小，匹配合适的设备型号及规格。

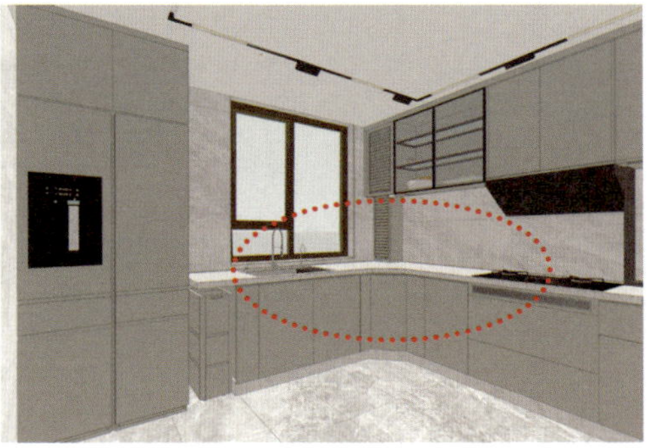

（2）灶台是否与燃气立管太近？

图纸可体现各管线定位，避免遗漏造成冲突及定位误差，确保符合项目当地的安全标准和燃气专业规范。

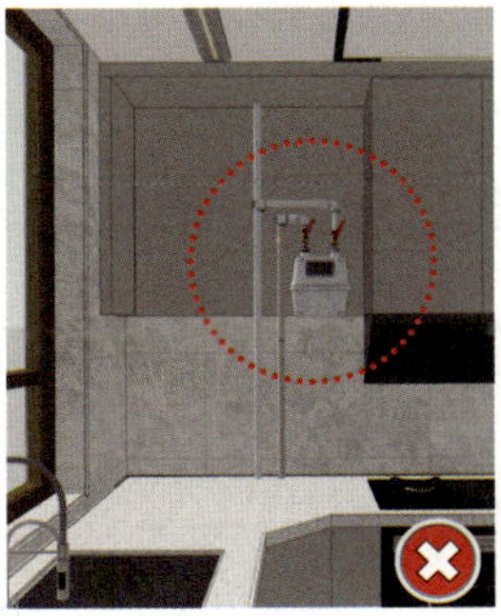

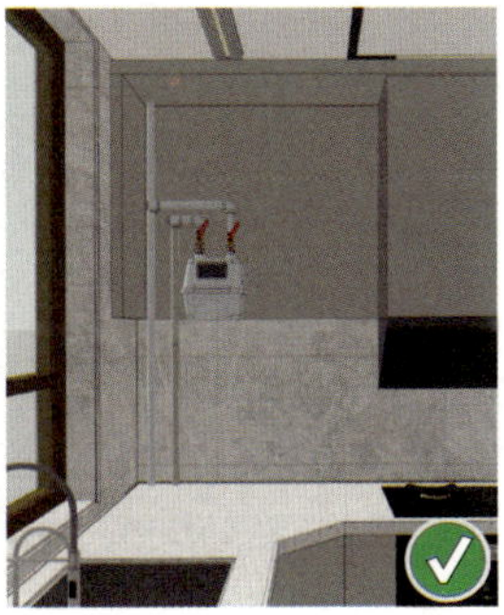

（3）燃气设备是否预留散气孔？

嵌入式灶台橱柜应设有通气孔，通气孔面积需满足规范要求；装有燃气表、燃气设施的橱柜，需设置通风孔或百叶窗等，确保符合项目当地的安全标准和燃气专业规范。

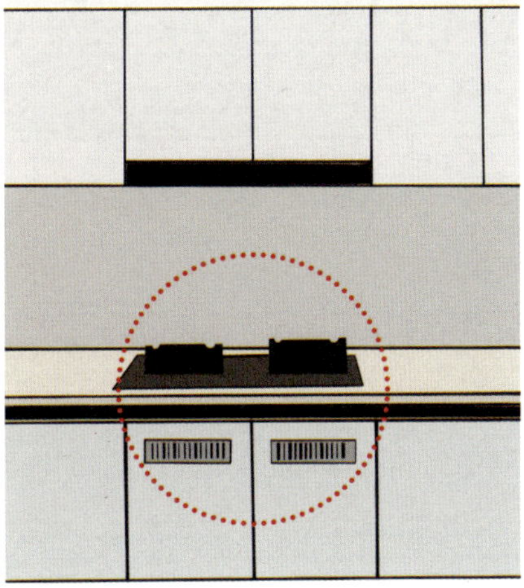

（4）燃气灶是否与插座距离太近？

燃气灶与插座应保持安全的水平间距，避免高温烧焦插座，导致漏电等问题。

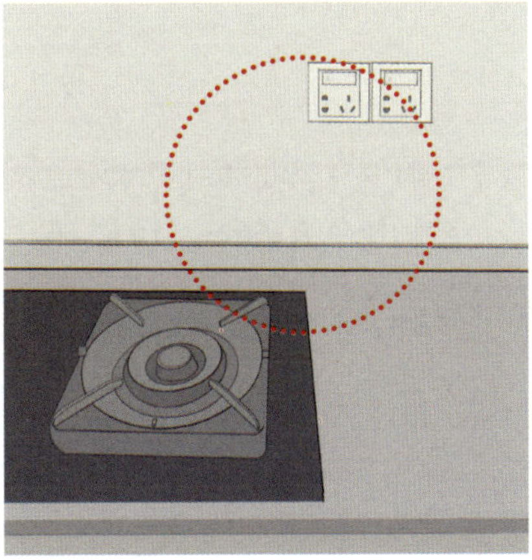

（5）燃气灶下方柜体是否便于检修?

燃气灶下方若安装了抽屉或拉篮，则需考虑留存空间，防止来回抽拉时触碰到灶台相关设备。抽拉式橱柜需满足快拆需求，应便于拆卸和应急检修。

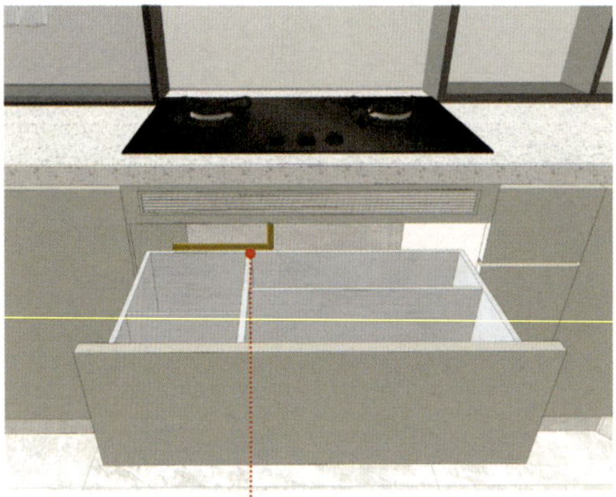

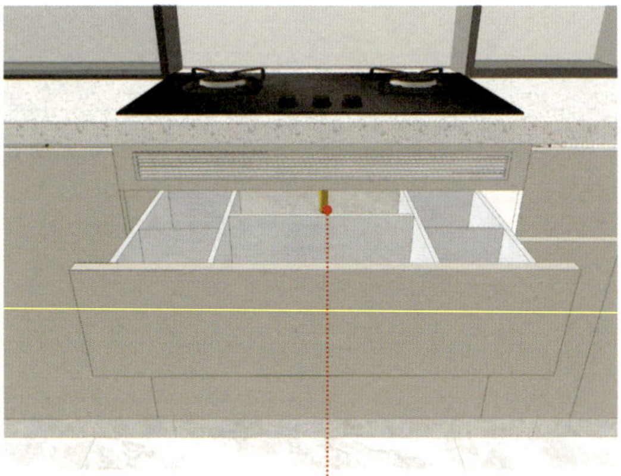

复核灶台下面燃气管的走向，根据走向匹配抽屉构造，避开管线

（6）抽油烟机是否距离烟道太远？

判断抽油烟机与烟道接驳孔路径，避免转弯过多、距离过长，影响排烟效果。一般抽油烟机与烟道接驳孔的距离不宜超过 2 m。

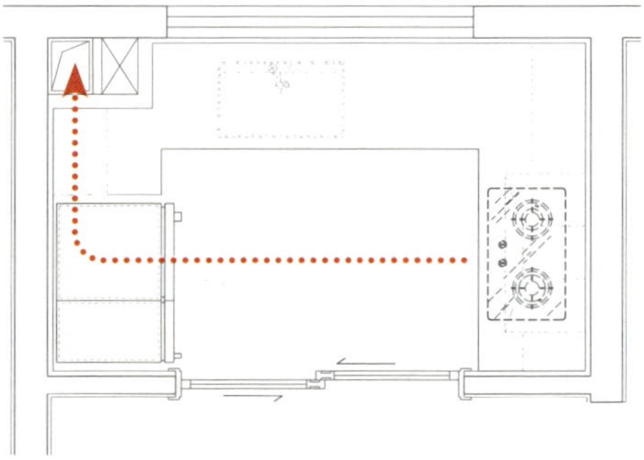

（7）燃气立管是否遮挡管道检修口?

复核燃气立管的位置，确保其不遮挡管道检修口。

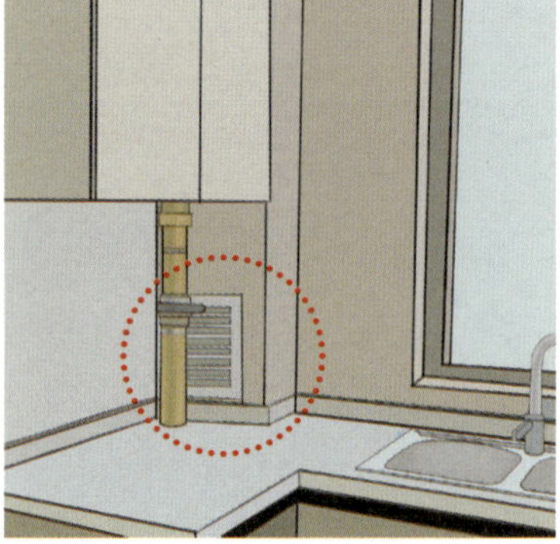

（8）吊顶内的综合管线是否遮挡烟道接驳孔?

复核吊顶内的综合管线位置，确保其不遮挡烟道接驳孔。

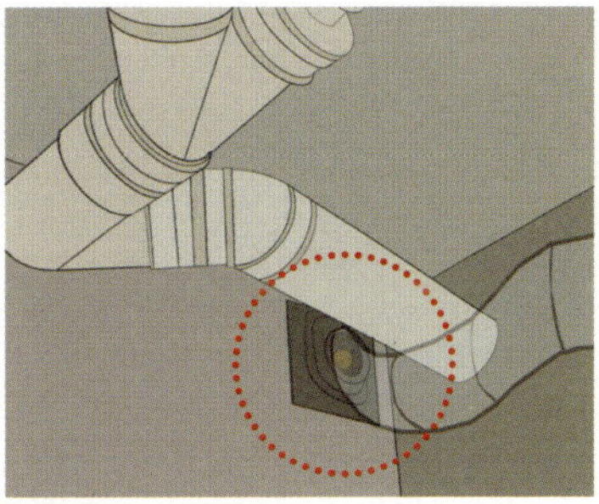

（9）抽油烟机是否碰头？

判断抽油烟机类型，比如顶吸式、侧吸式、下吸式、抽拉升降式等。为不同规格的抽油烟机匹配合适的安装高度，避免磕碰头。

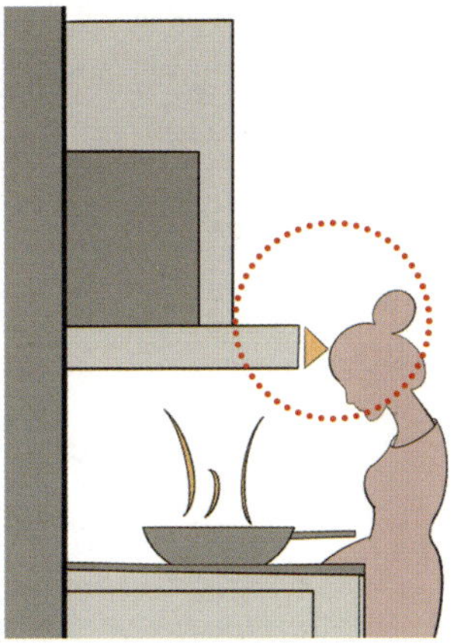

（10）抽油烟机是否与灶台水龙头冲突?

为提高下厨效率及就近用水的便利性，邻近灶台安装水龙头时，需考虑邻近抽油烟机设备选型与水龙头的关联性，需要注意的是侧吸式抽油烟机、集成灶是否与给水点高度冲突。

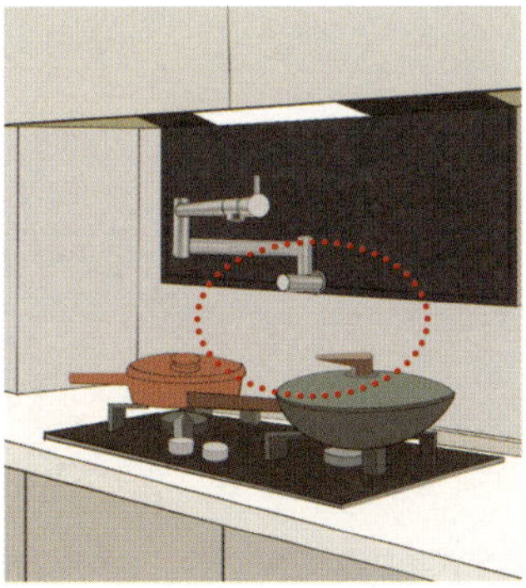

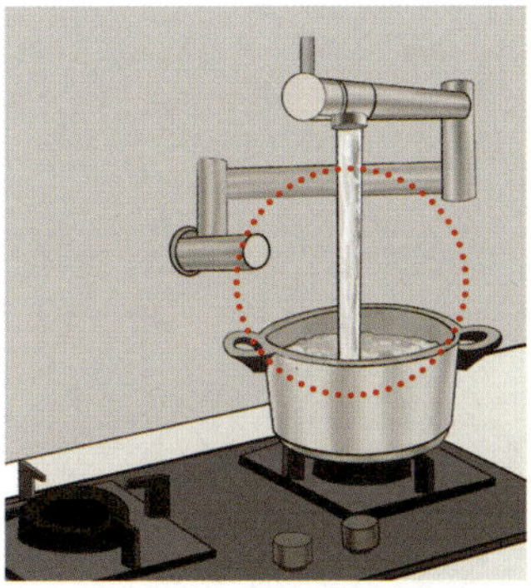

（11）热水器与燃气表、燃气管道、燃气灶、水电点位的间距是否合理?

综合点位叠图可体现各点位定位，判断它们是否冲突，避免遗漏造成定位误差。

（注：具体间距确保符合项目当地的安全标准和燃气专业规范）

厨房常见布局解析

1. 一字形厨房

单开门冰箱

根据冰箱开门方式规划操作动线，方便顺手取放物品

大单盆水槽

台下安装，便于清洁，避免藏污纳垢，滋生细菌

碗碟篮抽屉

适配大容量、可拆卸、抽取式碗碟篮抽屉，设置沥水接盘，使用阻尼导轨，轻音减震

储物高柜（电器柜＋备货塔）

遵循高位低频、轻质储物的原则

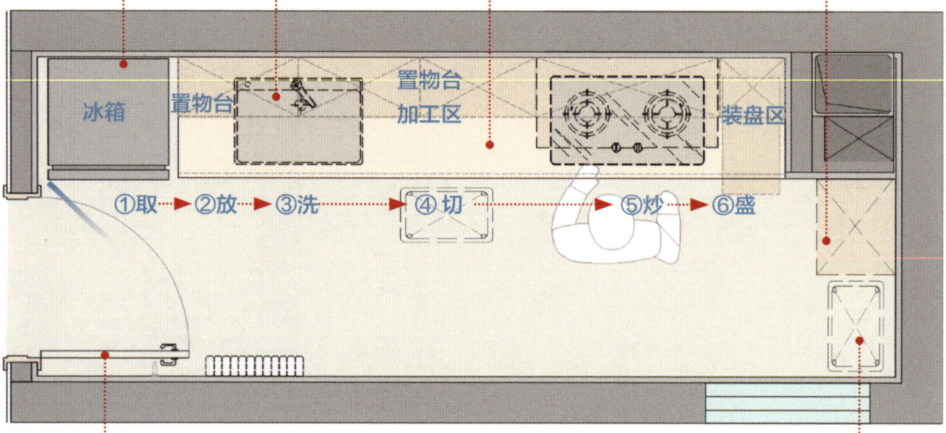

平开门扇

带可视窗，避免视觉盲区，造成碰撞；同时确保门洞通行净宽，不影响冰箱进出

置物架

可移动，放置小电器、敞开式果蔬篮等

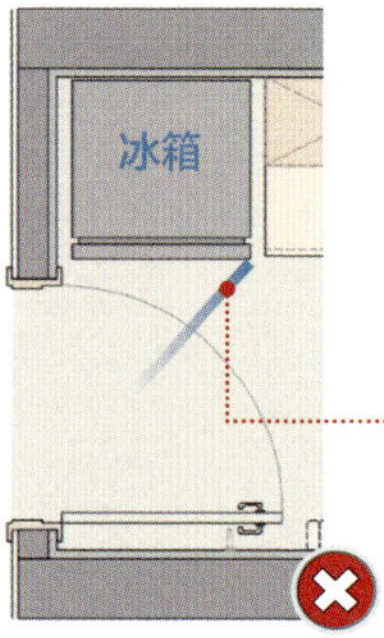

此开门方向使动线不够顺畅

布局要点

①动线清晰，功能区依次排序。

②行为联动，根据各功能区性质在附近规划备用台面及储物空间。

③极致收纳，根据物品的使用频率、重量，科学设计摆放位置。

2. L 形厨房

单开门冰箱

判断冰箱的开门方式，动线方便，顺手取放物品

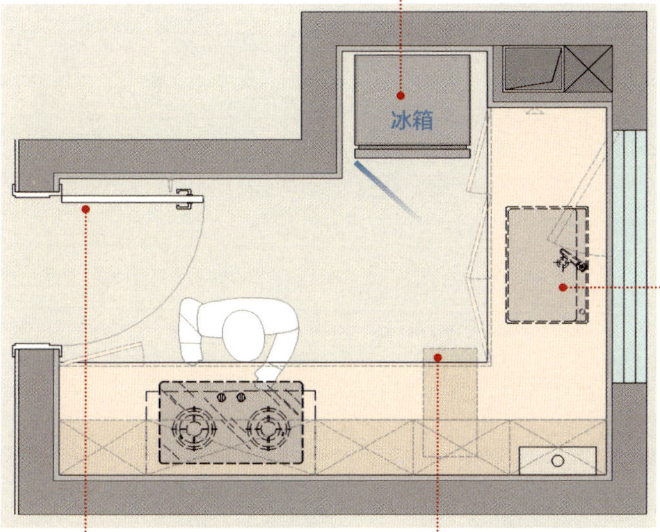

大单盆水槽

台下安装，便于清洁，避免藏污纳垢，滋生细菌

平开门扇

带可视窗，避免视觉盲区造成碰撞，确保门洞通行净宽，不影响冰箱进出

碗碟篮抽屉

适配大容量、可拆卸、抽取式碗碟篮，设置沥水接盘，使用阻尼导轨，轻音减震

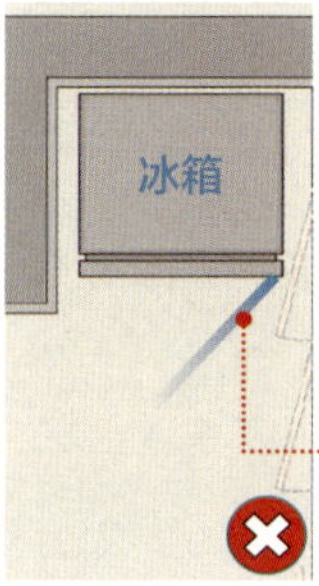

此开门方向使动线不够顺畅

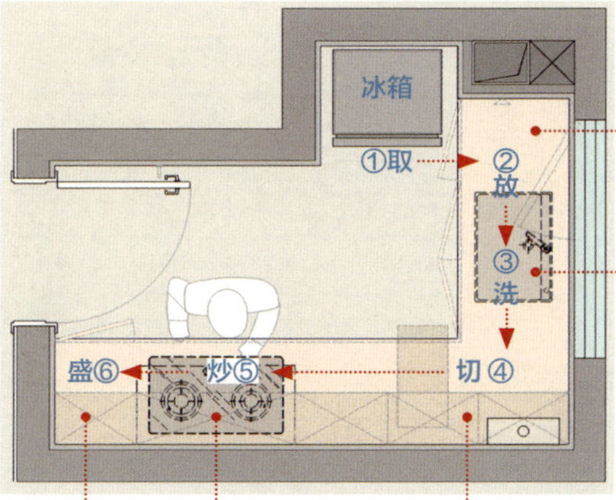

临冰箱操作区

水槽

装盘区　**灶台**　**操作区**

3. 开放岛台式厨房

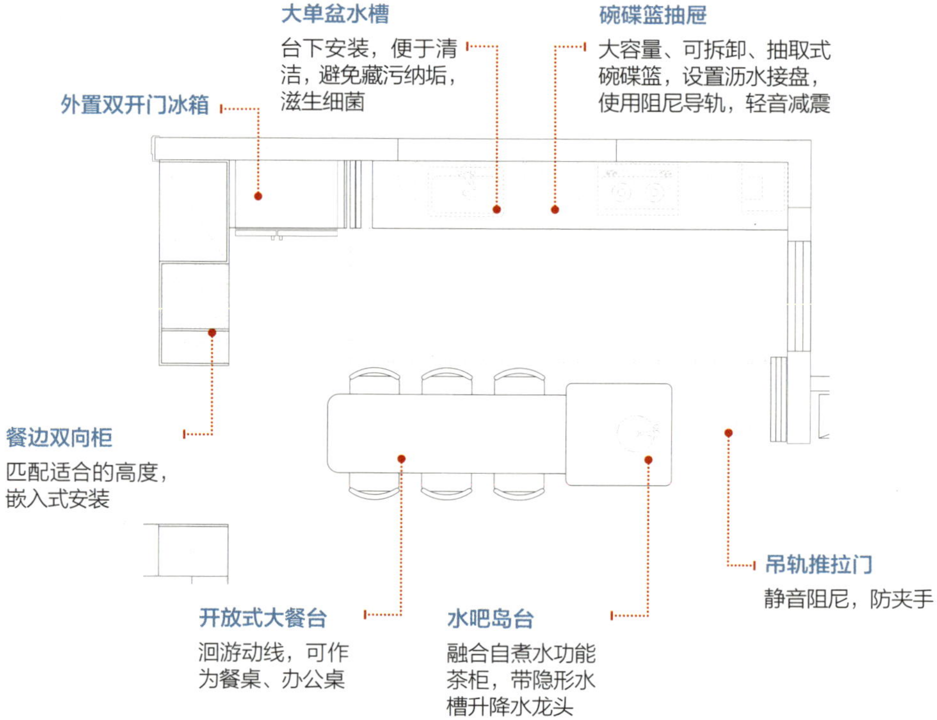
大单盆水槽
台下安装，便于清洁，避免藏污纳垢，滋生细菌
碗碟篮抽屉
大容量、可拆卸、抽取式碗碟篮，设置沥水接盘，使用阻尼导轨，轻音减震
外置双开门冰箱
餐边双向柜
匹配适合的高度，嵌入式安装
吊轨推拉门
静音阻尼，防夹手
开放式大餐台
洄游动线，可作为餐桌、办公桌
水吧岛台
融合自煮水功能茶柜，带隐形水槽升降水龙头

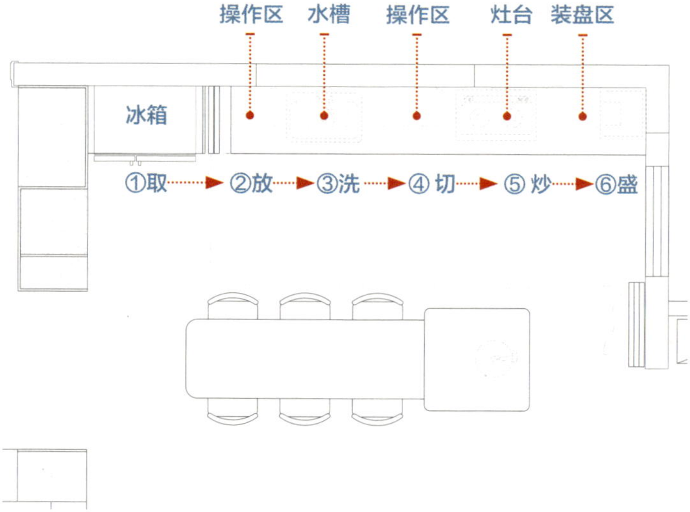
操作区
水槽
操作区
灶台
装盘区
冰箱
①取
②放
③洗
④ 切
⑤ 炒
⑥盛

4. U 形厨房

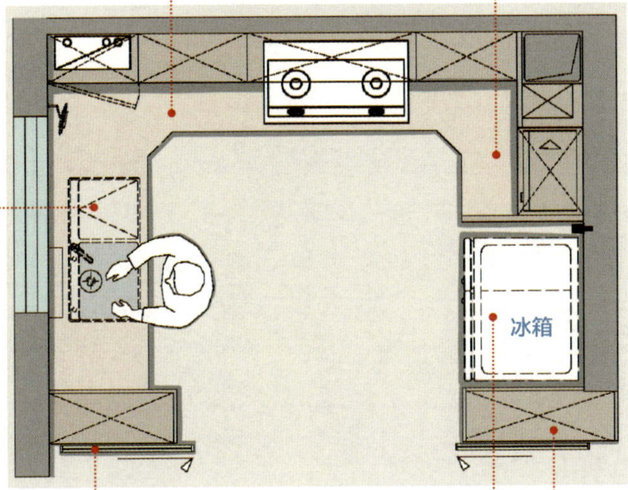
碗碟篮抽屉
容量大、可拆卸、抽取式碗碟篮，设置沥水接盘；使用阻尼导轨，轻音减震
转角台
扩容台面，转角衔接，更顺畅
水槽、洗碗机
邻近操作，台上式，不用弯腰曲背
冰箱
吊轨推拉门
静音阻尼，防夹手
双开门冰箱
储物高柜
遵循高位低频、轻质储物的原则

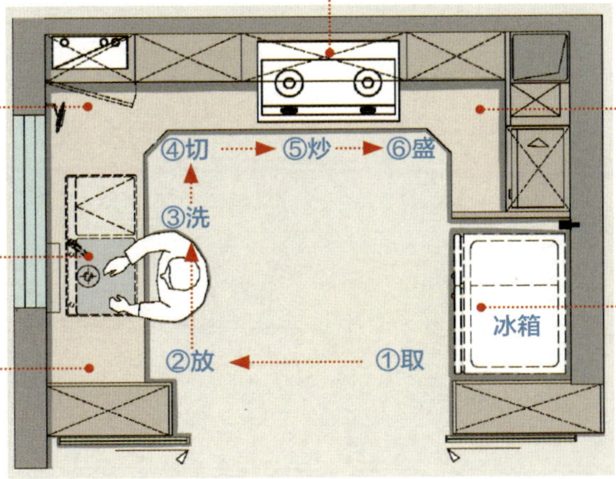
灶台
操作区
装盘区
④切
⑤炒
⑥盛
③洗
水槽
双开门冰箱
冰箱
操作区
②放
①取

厨房精细化设计解析

超薄中部置物架

随手取放高频使用的刀具，不用反复开启柜门或抽屉

透明层板

具有展示性，可直观查找物品

确保烟道的密封性

防止倒流，烟道减少转弯或变径，以免排烟不畅

燃气热水器

百叶暗门（确保合规），满足通风、检修等需求

旋转支架

可调角度，壁挂平板、电脑等设备，满足直播、做饭、追剧等需求

水龙头

考虑水龙头及净水器龙头的高度，避免其与窗户开启扇冲突

珐琅板

无缝、耐污、易清洁，可磁吸置物

台下设备

确保设备安装的稳固性，电源插座应防水，便于操作检修净水机、软水机等

分流三通

回弹式防臭盖，不返水，防虫防臭

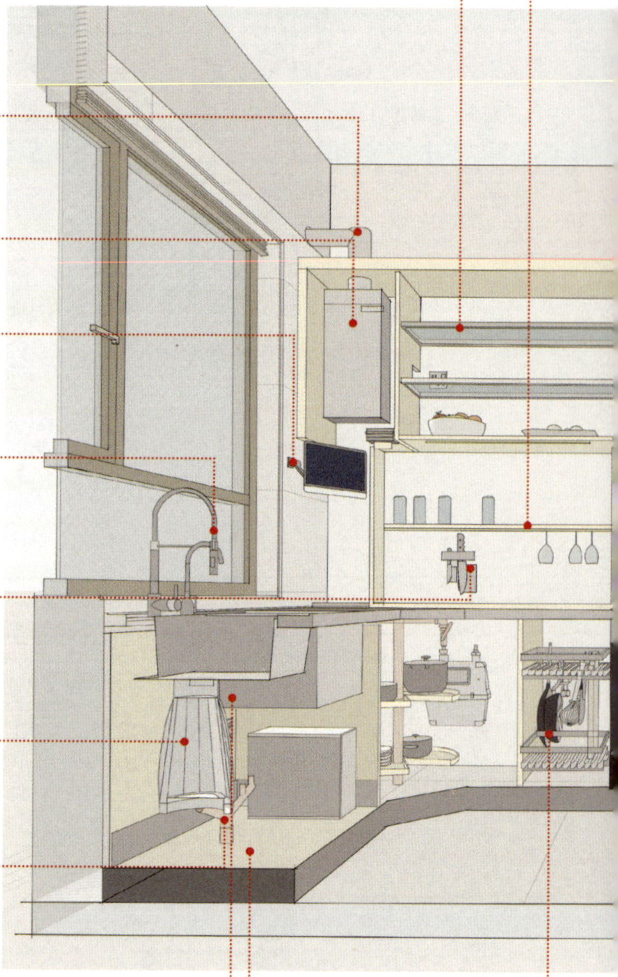

洗碗机

可选择台上式或抽拉式，高度适中，不用频繁弯腰蹲起

橱柜防潮

整体铝箔板或防潮膜向上返高100 mm，防止柜体板材受潮变形

锅具拉篮

靠近灶台和水
区，使用方便
提升下厨效率

灶台水龙头

屈臂折叠水龙头，可就近取水

高位储物柜

太高，不方便取放物品，可安装升降拉篮，降低高度；顶面贴反射镜面，方便低位观察，准确找到所需物品

中部调料架

释放台面空间，方便取放物品及清洁打理

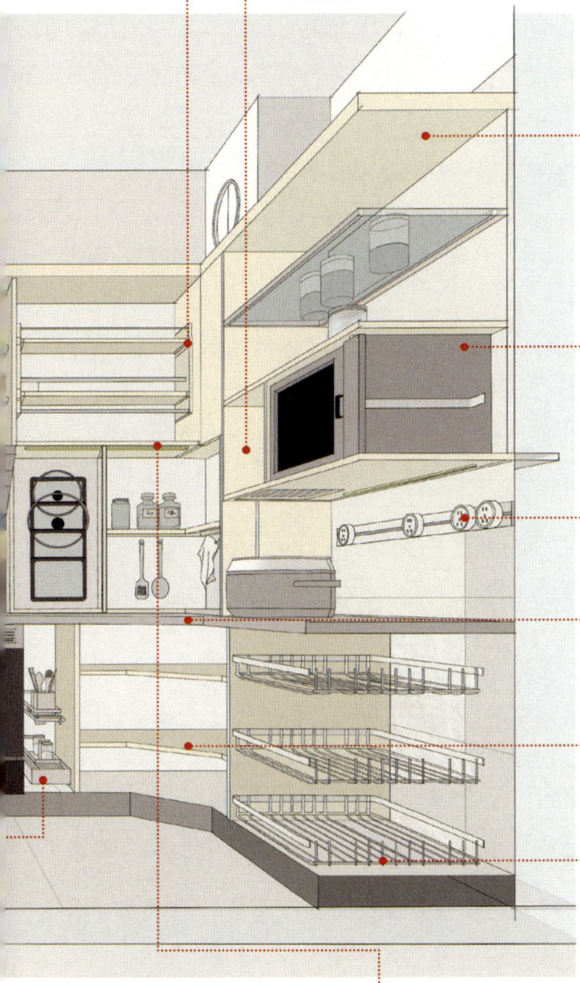

高位不常用物品储物区

高位放置轻质低频使用的物品，内置透明收纳盒，方便直观查看，可设置升降拉篮

适高电器柜

在适合操作的高度放置微波炉，防止操作不便，造成意外烫伤；也可预留微波炉专用物收纳拉篮（存放手套、锡纸）

滑轨插座（邻近小电器台）

根据需求合理增减插位数量，轻松断电，不用频繁插拔插座

钻石形转角台面

操作面更大，延展空间

不常用重物存储区

低位柜适合存放使用频率低及偏重的物品

开放式果蔬拉篮

放置不适合放在冰箱里的物品，透气通风，便于取放；配置推拉透气竹帘，更美观

灶台集成蒸烤一体机

释放更多空间，在其右侧安装抽拉工具拉篮，就近取用蒸烤工具

补光照明

在吊柜下方安装手扫感应灯带，既节能，又能避免手湿触电

2.5 卫生间

卫生间常见问题及设计注意点

常见问题

☐ **1. 未考虑柜体加固：**浴室柜台下洗手盆有脱落风险。

☐ **2. 未考虑暗藏墙排下水：**悬空浴室柜管线外露，不美观且难清洁。

☐ **3. 未使用除雾镜、镜前灯：**洗漱时经常看不清脸；注意镜前灯的光照角度，以免看不清楚面部。

☐ **4. 未考虑排水找坡导流：**淋浴水外流，容易产生积水 。

☐ **5. 未预留备用电源：**未考虑智能坐便器、智能坐便器盖对电源插座的使用需求。

☐ **6. 未使用恒温花洒：**淋浴时水温时冷时热。

☐ **7. 未使用电热毛巾架：**毛巾潮湿，容易滋生细菌和产生异味。

常用功能需求清单

☐ **1. 无缝洗手盆**（无接缝、不打胶、易清洁，不发霉，减少细菌滋生）

☐ **2. 美妆专柜**（充分利用镜柜空间，释放台面空间，整洁美观）

☐ **3. 懒人水龙头**（抽拉水龙头，方便漱口，上出水洗面）

☐ **4. 智能坐便器**（恒温、杀菌、自清洁、自动感应开启）

☐ **5. 恒温花洒**（减少反复调试，避免水温忽冷忽热带来的不适感）

☐ **6. 智能扫地机器人**（自清洁智能打扫，需考虑给水排水条件）

□ **7. 烘洗一体机**（节省空间）

□ **8. 电热毛巾架**（烘干、杀菌）

□ **9. 牙刷置物架**（烘干、杀菌）

□ **10. 防雾魔镜**（一键除雾，包括照明、时钟、蓝牙音乐等功能）

□ **11. 无底柜镜箱**（梳妆柜暗藏沥水架、抽纸架，释放台面空间，清洁美观）

□ **12. 吹风机**（暗藏收纳式、壁挂接线式、壁挂免插拔伸缩接线式等）

□ **13. 浴巾架**（折叠式省空间，壁挂式防止邻近磕碰，电热毛巾架等）

□ **14. 板材**（铝蜂窝板，通风透气选材需防潮、防水、防霉）

□ **15. 卫生间门**（平开门、推拉门、折叠门等）

□ **16. 门挡**（有地面式、低位壁装式、中位门把手防撞门档等，可防止门磕碰墙体）

□ **17. 淋浴凳**（适合老人和儿童坐着洗漱）

□ **18. 脏衣篓**（折叠式更省空间）

□ **19. 暖风机**（照明、暖风、排气）

□ **20. 浴帘**（折叠浴帘、推拉帘）

□ **21. 遮光帘**（磁吸窗帘、卷轴帘、百叶帘等）

□ **22. 地漏**（单地漏、双地漏、无障碍条形快排地漏等，考虑防虫、防臭）

□ **23. 储物柜**（超薄柜、吊柜、无底柜，考虑受潮、发霉等问题）

□ **24. 热水器**（燃气热水器、电热水器、太阳能热水器）

□ **25. 花洒出水形式**（暗管墙排出水、顶喷式出水、壁挂杆出水等）

□ **26. 坐便器安装**（暗藏水箱坐便器、无水箱坐便器、水箱一体式坐便器等）

□ **27. 检修口**（判断检修口位置及高度，避免与邻近花洒等部品冲突）

□ **28. 淋浴门**（平开式、推拉式、多扇折叠式等）

□ **29. 弧形脚线**（墙地衔接处使用弧形脚线，方便清洁，减少卫生死角）

□ **30. 集成卫浴**（整体浴室柜更环保，模块化生产安装，做工精细，无接缝）

设计注意点

☐ 1. **布局合理：**确保卫生间干湿分离，提高使用舒适度。

☐ 2. **防滑处理：**地面选用防滑材料，确保安全。

☐ 3. **通风良好：**设置排气扇或窗户，避免潮湿。

☐ 4. **照明充足：**采用柔和光源，提升空间的舒适感。

☐ 5. **储物空间丰富：**设置充足的壁柜或收纳架，方便整理。

☐ 6. **节水设计：**选用节水型卫浴设备。

☐ 7. **电路安全：**电器设备做防水处理，确保用电安全。

☐ 8. **管道隐蔽：**水管、电线采用隐藏式设计，美观实用。

☐ 9. **镜子合适：**大小适中，方便整理仪容。

☐ 10. **安装智能坐便器：**高度适中，考虑节水、节能和智能清洁。

☐ 11. **淋浴区舒适：**设置挡水条，避免淋浴水外溢。

☐ 12. **洗手台便捷：**高度、深度适宜，方便使用。

☐ 13. **门窗设计合理：**考虑开关方便，避免碰撞。

☐ 14. **细节处理到位：**墙体、柜体边角圆润，避免磕碰。

☐ 15. **清洁方便：**选用易清洁的材料，降低维护难度。

☐ 16. **隔声处理：**对下水管道做隔声处理，降低噪声。

☐ 17. **符合人体工程学设计：**考虑个性化定制，满足不同人群的需求，比如老人、儿童。

☐ 18. **健康护理：**融入健康监测和护理功能，提高生活品质。

一字形卫生间平面布局解析

1. 一段式（动线单一）

一段式卫生间布局紧凑，动线分流受限；基本符合人体工程学，但早高峰时使用易冲突。

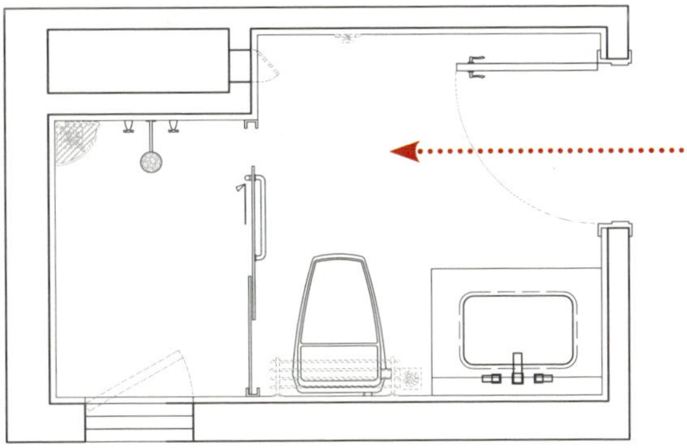

2. 两段式（干湿分离式）

两段式卫生间布局紧凑，洗漱、如厕不冲突，但如厕、淋浴分流受限；淋浴门设置应避免路径冲突。

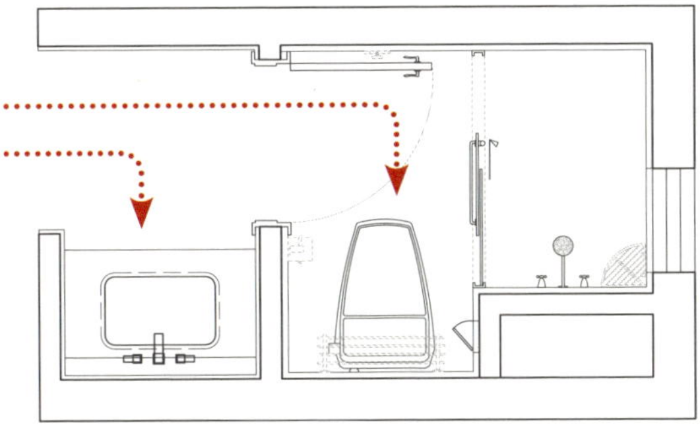

3. 三段式（动线分流）

三段式卫生间布局，洗漱、如厕、淋浴均不冲突，大大提高了卫生间的使用效率。

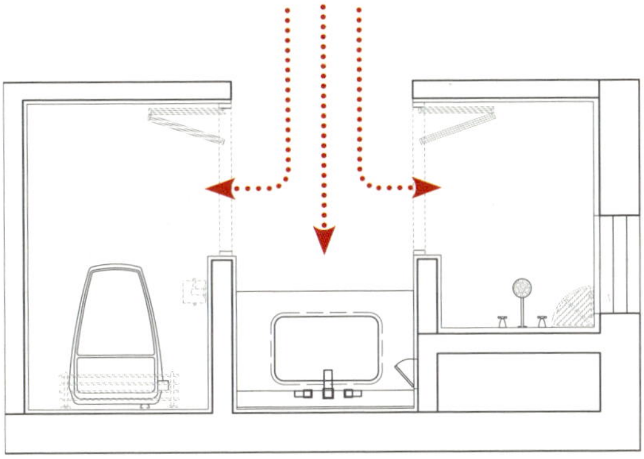

近方形卫生间平面布局解析

1. 一段式（动线单一）

一段式卫生间布局紧凑，动线分流受限；基本符合人体工程学，但早高峰时使用易冲突。

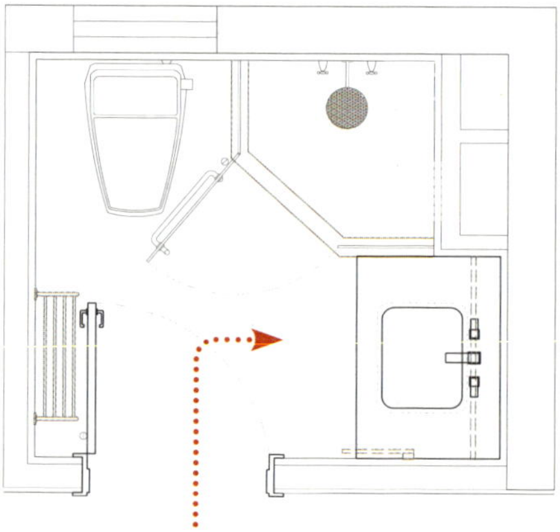

2. 两段式（干湿分离式）

两段式卫生间布局紧凑，洗漱、如厕不冲突，但如厕、淋浴分流受限；使用柔性隔断，注意保护隐私。

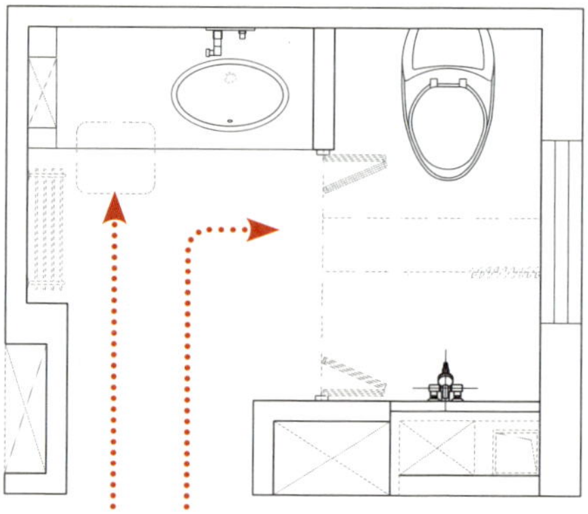

3. 三段式（动线分流）

三段式卫生间布局，洗漱、如厕、淋浴不冲突；淋浴隔墙开窗通风，玻璃门不到顶，满足自然通风。

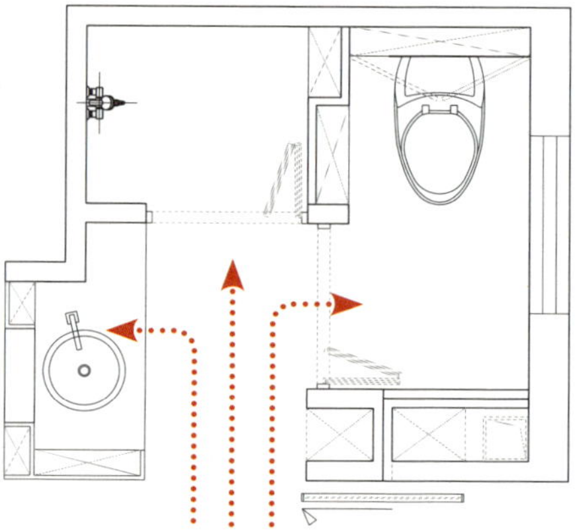

套房卫生间平面布局解析

1. 两段式（动线单一）

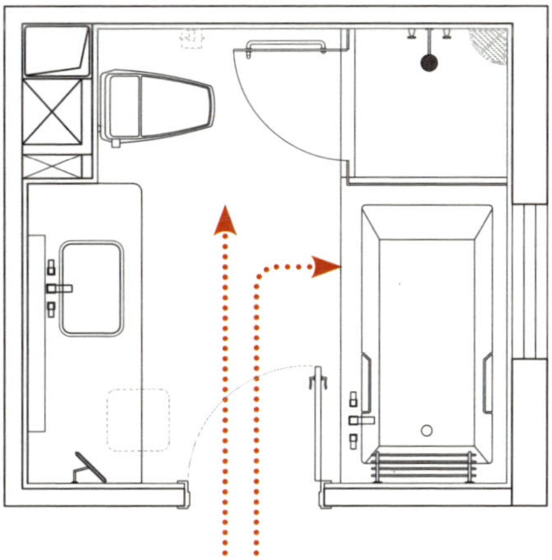

两段式卫生间布局宽敞明亮，通透性良好，但私密性差；采用平嵌式浴缸，苦于跨越浴缸开启窗户；早高峰时使用易冲突。

2. 三段式（干湿分离）

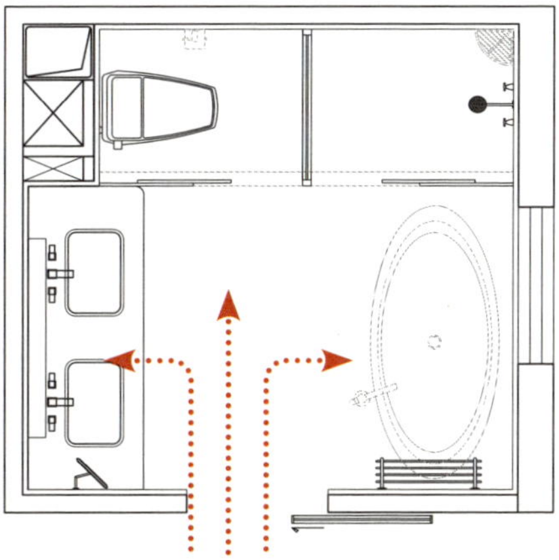

三段式卫生间布局，洗漱、如厕、淋浴不冲突；设置独立浴缸，释放空间，兼具展示性；采用玻璃隔断，确保空间通透、不压抑。

3. 四段式（动线分流）

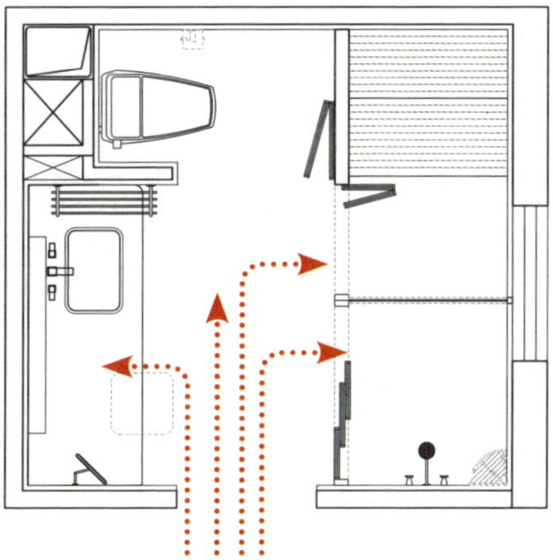

四段式卫生间布局，洗漱、如厕、淋浴、汗蒸不冲突；但独立分割会影响自然采光和空气流通 。

卫生间常见问题自查

1. 坐便器区的 8 个常见问题

（1）坐便器是否与插座冲突?

预留智能坐便器插座，以坐便器排污口中心为基准，避免偏差和与坐便器位置冲突。

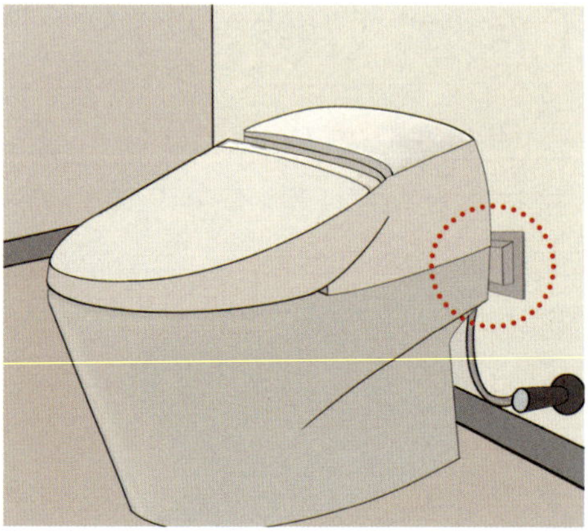

（2）坐便器是否与清洁喷枪冲突?

喷枪给水点与邻近部品浴室柜间应有足够的空间。注意喷枪类型及安装空间，避免与邻近淋浴隔断冲突。

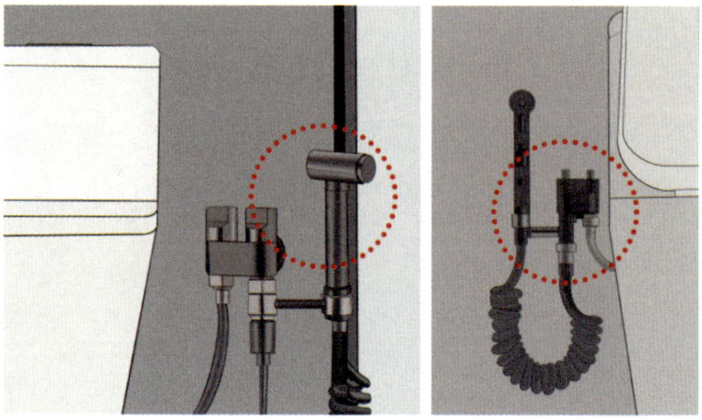

（3）坐便器是否与给水阀冲突?

注意坐便器给水点位置，以坐便器排污口中心为基准，避免其与坐便器碰撞冲突。如果已存在偏差，则需复核水阀高度，选用底部凹退类型的坐便器，方便后期操作、检修。

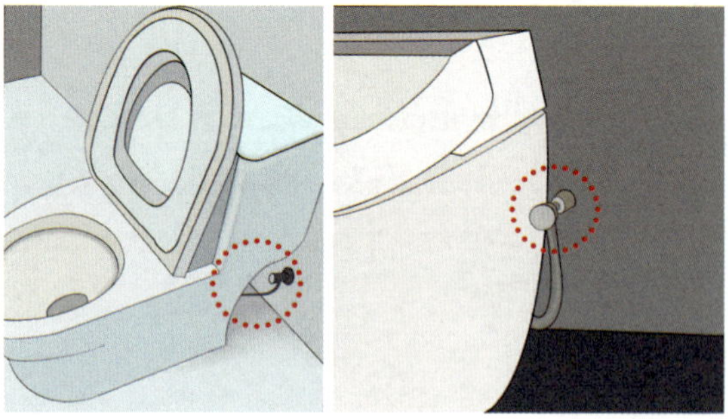

（4）坐便器是否与厕纸架冲突？

复核厕纸架安装位置，避免后置安装，造成转身拿取不便。

坐便器若邻近浴室柜，可在浴室柜凹龛内放置物品（如厕纸等）。

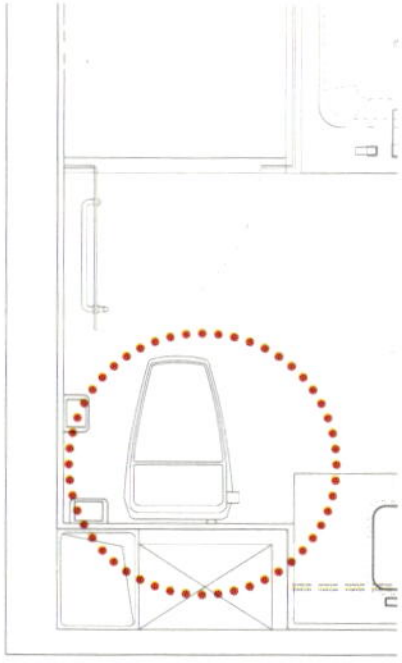

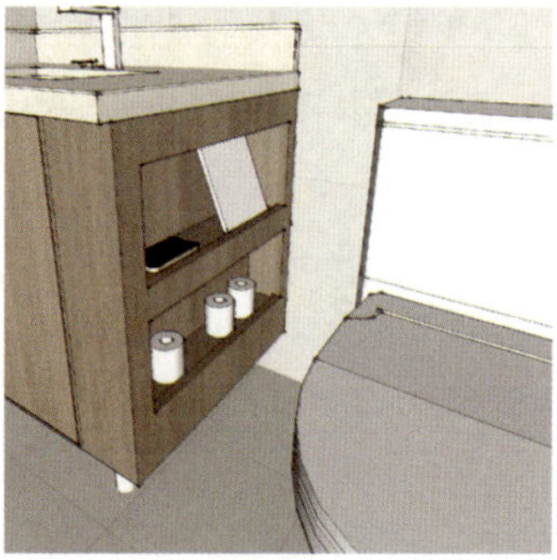

（5）坐便器是否与置物台冲突？

坐便器上方如果做置物台，则需预留出坐便器高度，不要影响冲水按钮的使用及检修。

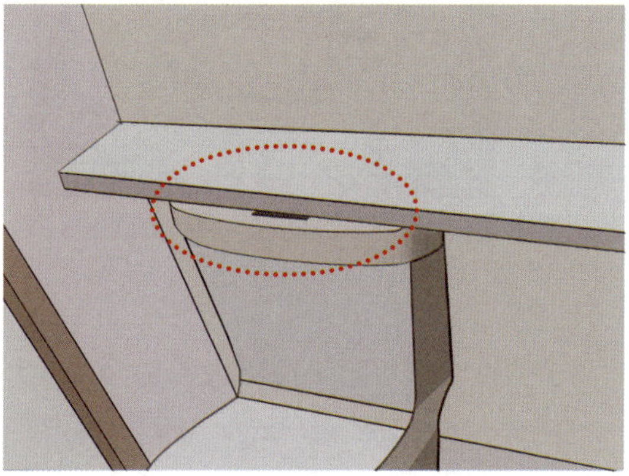

（6）坐便器是否与背篓式暖气片、电热毛巾架冲突？

复核坐便器上方背篓式暖气片给水排水管位置，以坐便器排污口中心为基准，确保中心对正。

坐便器上方背篓式暖气片高度不要过低，以免影响坐便器盖 90° 开启。

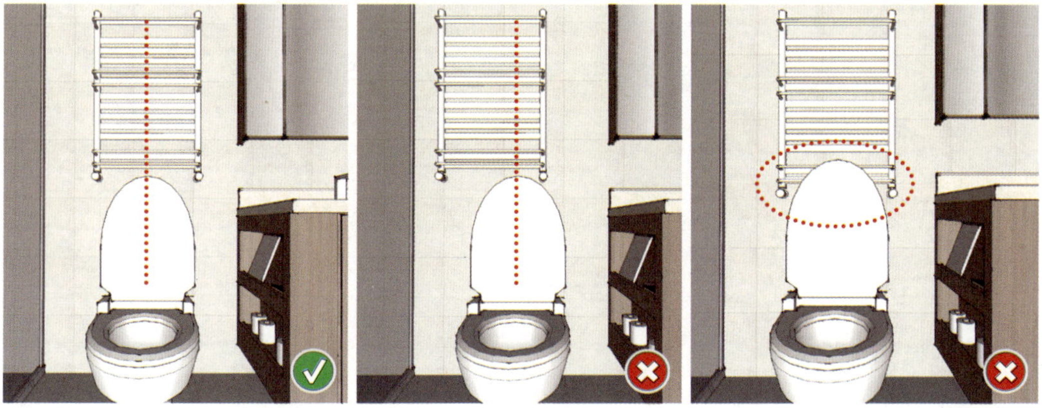

（7）给水点是否与插座冲突？

注意水与电综合叠图定位尺寸，复核准确度，避免误差、冲突，以免造成返工。

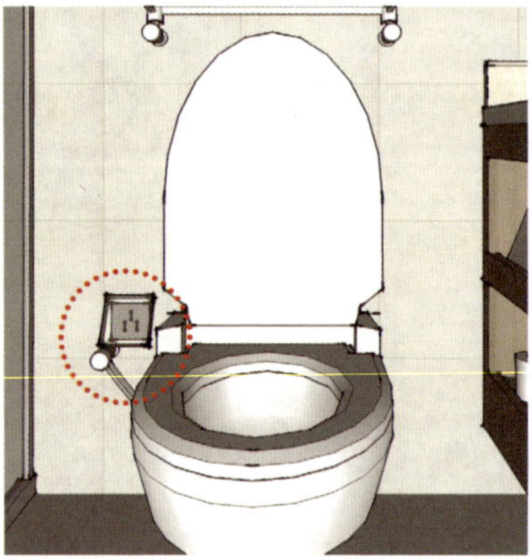

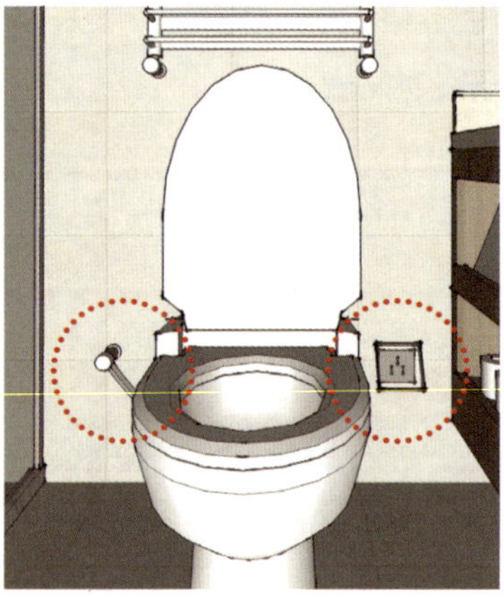

（8）壁挂暗藏水箱坐便器设置是否合理？

暗藏水箱坐便器较占空间，需判断是否影响人正常通行和门开启。在紧凑型卫生间中，可设置折叠门，避免门扇与空间部品冲突。

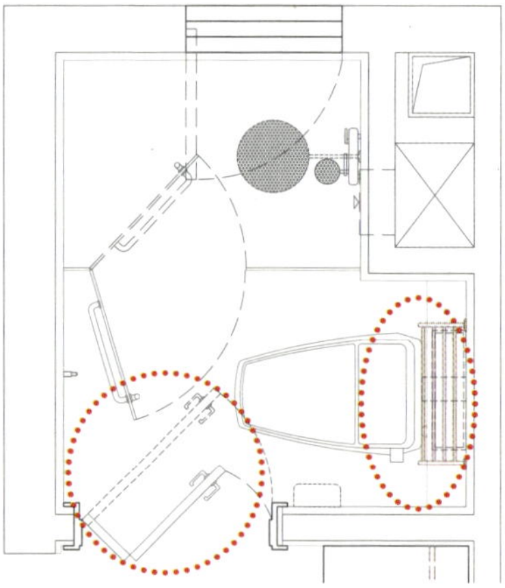

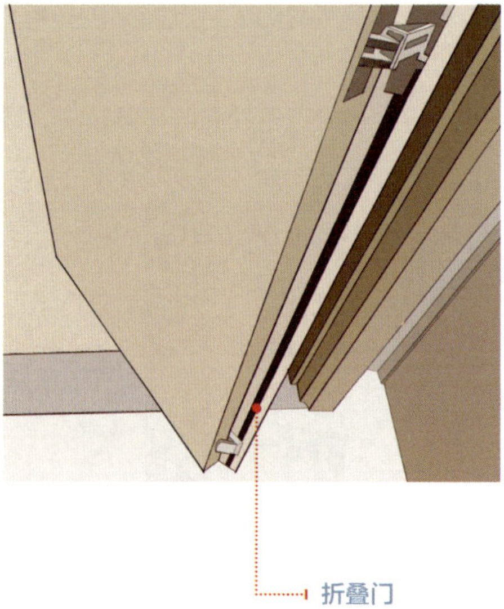

2. 淋浴间的 9 个常见问题

(1)淋浴间门是否与洗手盆冲突?

钻石形淋浴间的玻璃门与洗手盆容易冲突，建议有条件的进行优化，改为双向推拉门。

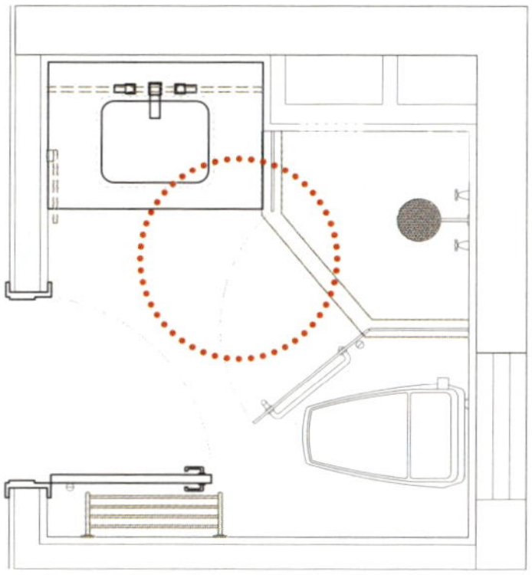

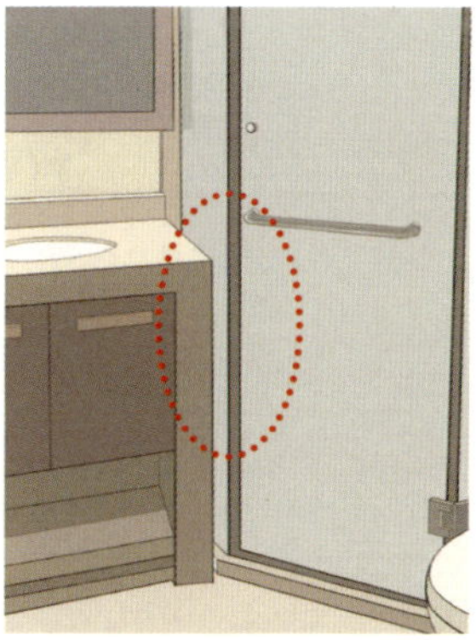

(2)花洒是否与管道检修口冲突?

复核水管道检修口位置方向，避免被花洒遮挡，影响后期检修。

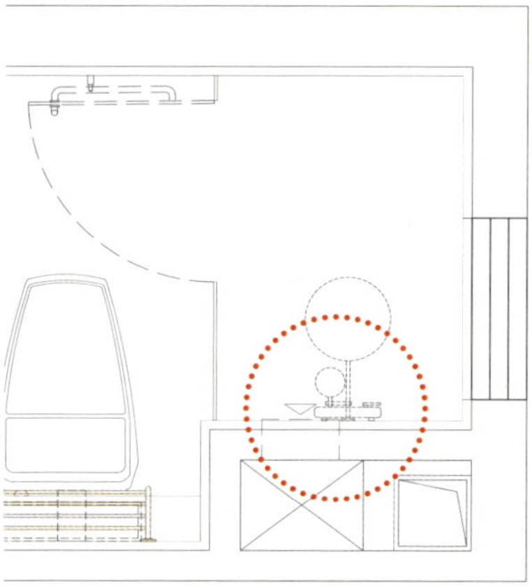

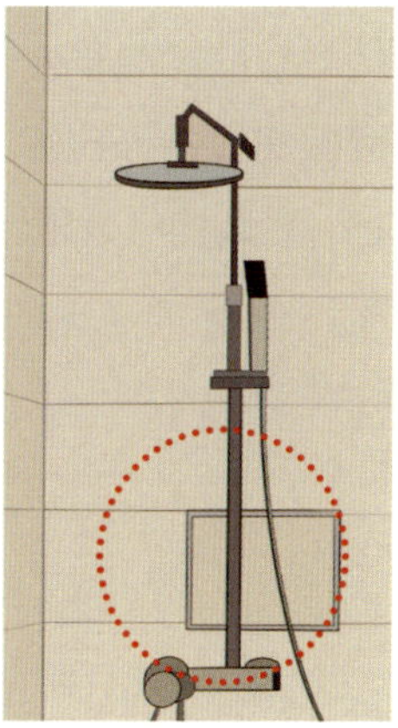

(3)淋浴间门是否与坐便器冲突?

复核坐便器的实际尺寸，查看门扇开启路径，避免冲突。

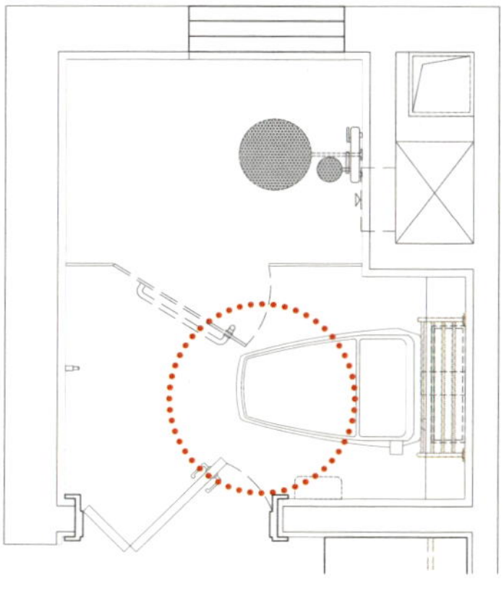

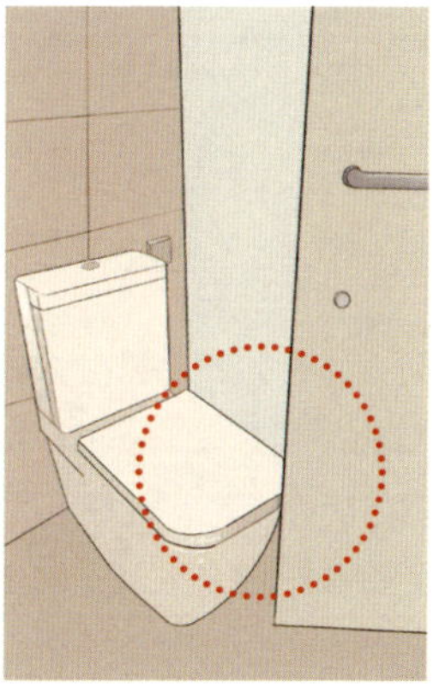

（4）淋浴间玻璃门是否与浴巾架、暖气片等部品冲突？

在平面图中标注各部品图例及规格，避免遗漏，影响判断，造成部品冲突。

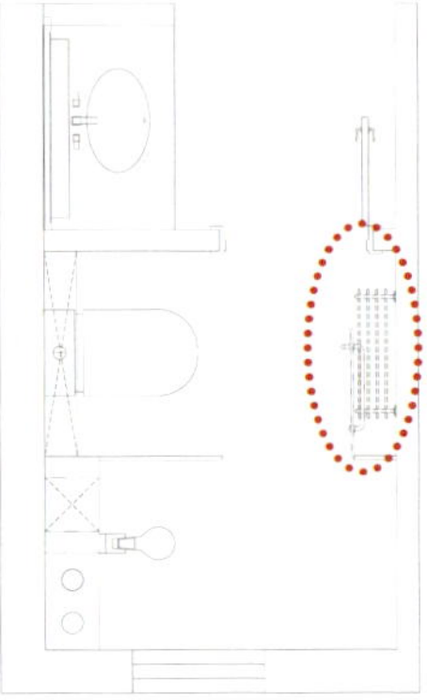

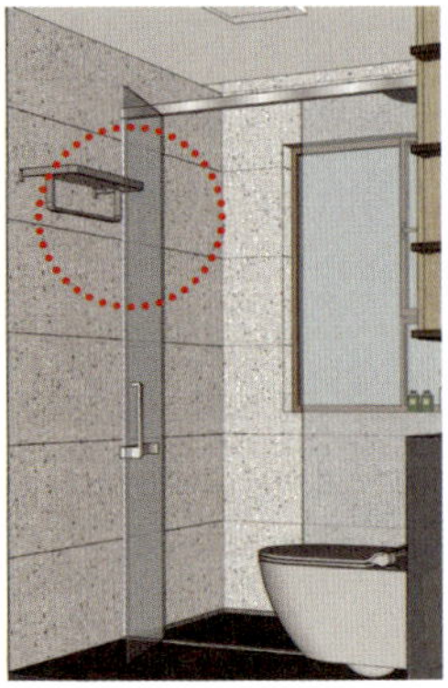

（5）花洒是否与暖风机冲突？

复核暖风机安装位置，避免其因与花洒距离过近而被溅水，或被淋浴间玻璃遮挡，影响换气效果。

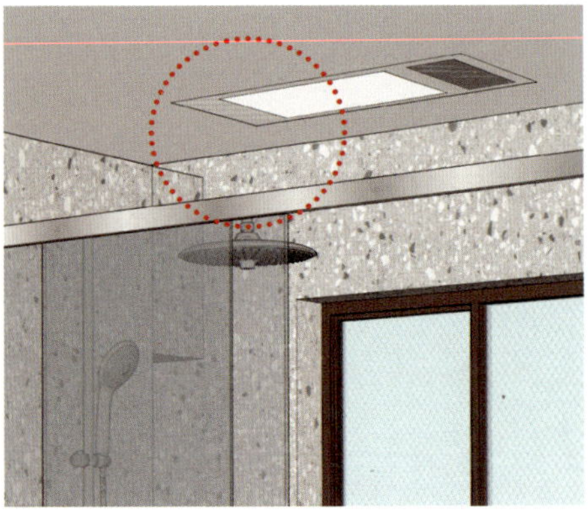

（6）淋浴间门把手安装得是否合理？

考虑邻近悬挂浴巾的合理性，一字形把手应横向安装。

考虑就近挂衣服和浴巾的需求，L 形把手可以里竖外横安装。

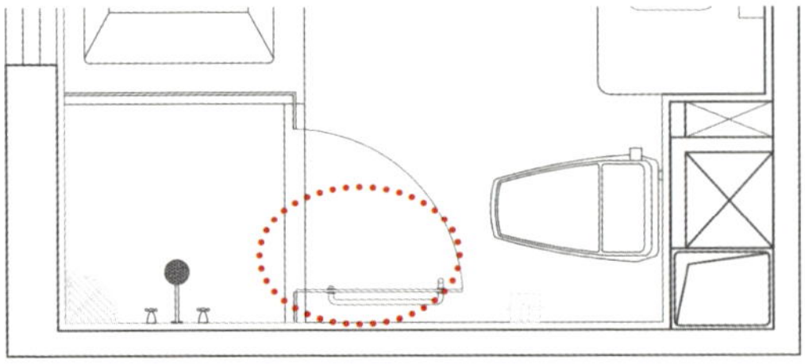

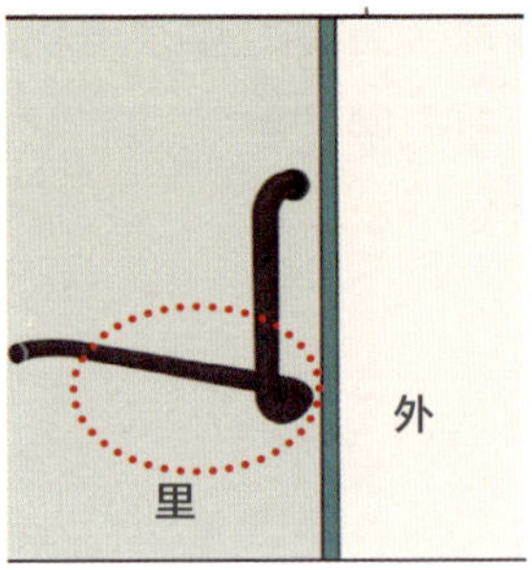

（7）淋浴间钢化玻璃隔断是否做了防磕碰处理？

复核钢化玻璃隔断是否设置了防爆膜或夹胶，避免磕碰易碎风险。

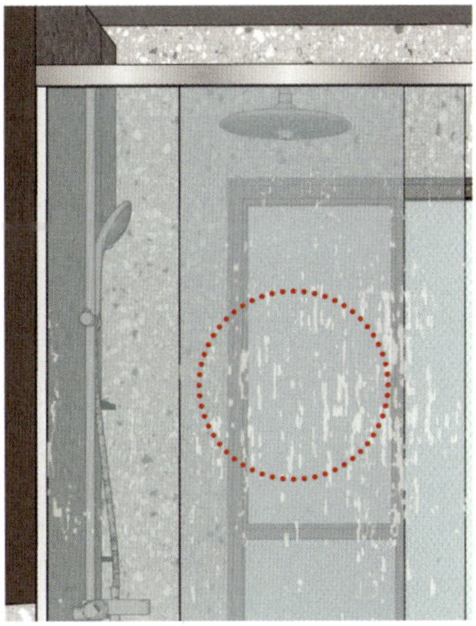

（8）淋浴间玻璃门是否做了防水碱处理？

普通淋浴间的玻璃门挂水后容易形成水碱、滋生细菌及影响透光度。常见的处理方式有三种：一是全屋设置净水系统，净化水质，减少水碱；二是采用纳米自洁涂层，这样水渍不会附着在玻璃上；三是粘贴疏水防爆膜，让水自然滑落，不挂在玻璃上。

（9）淋浴间门扇开启方向是否合理？

淋浴间门扇不宜内开，避免人意外跌倒时阻挡门扇开启，影响施救 。

热水器可局部内嵌在吊顶中，避免淋浴间门与邻近热水器磕碰冲突。

淋浴间使用无底框推拉门，挡水条为斜面，不积水，外侧与干区地面齐平，内侧落在坡面基石上，进出不绊脚，无卫生死角。

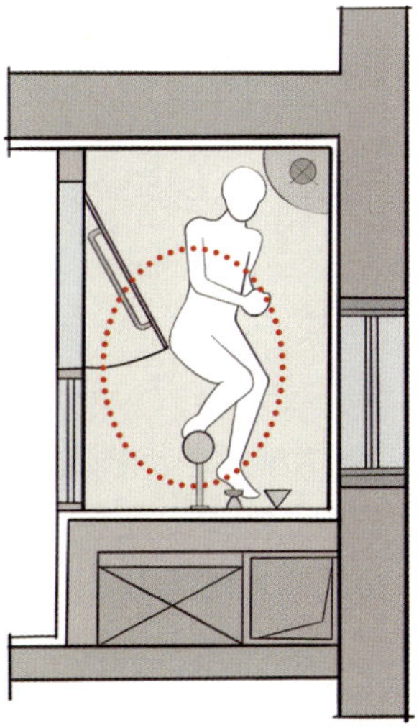

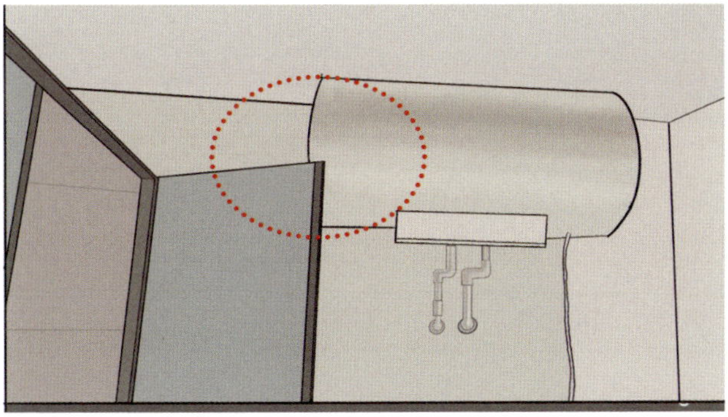

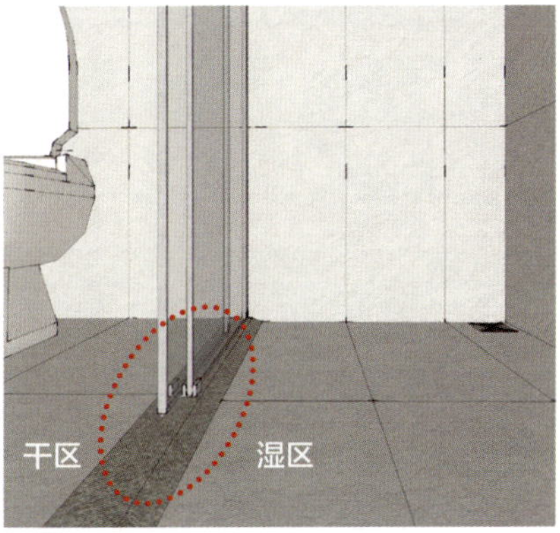

3. 洗手盆的 6 个常见问题

（1）悬空洗手盆承重构架与相邻墙体衔接是否满足荷载需求？

通常悬空盆底部无支撑，因此需悬空洗手盆承重构架，与墙体衔接足够坚固。邻近墙体为轻质空心砖砌块时，通常无法悬挂承重，可预埋 L 形钢结构框架，避免塌陷变形问题。

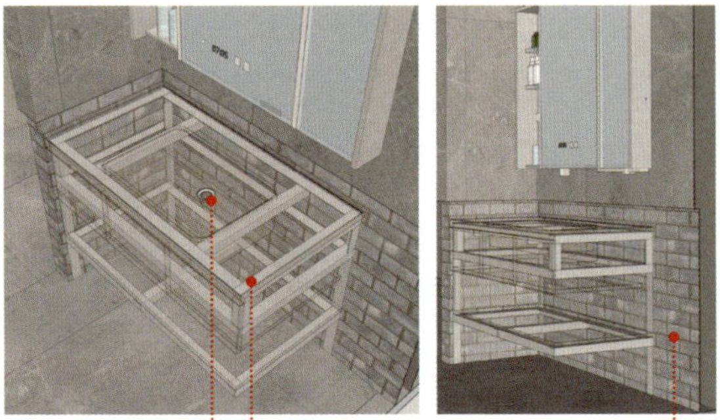

（2）是否对台下盆进行了加固？

应对台下水盆做了固定和加固处理，避免出现坠落塌陷问题。

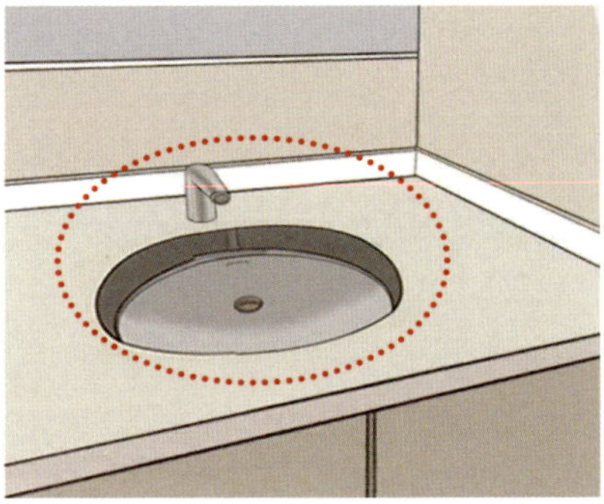

（3）复核水龙头规格及类型，判断是否与邻近部品冲突？

判断水龙头与邻近各部品的关联性。若水龙头出水口太短，则洗漱时容易磕碰手；若水龙头太长，则容易碰头。台上盆水龙头水阀操作要避免磕碰镜柜。

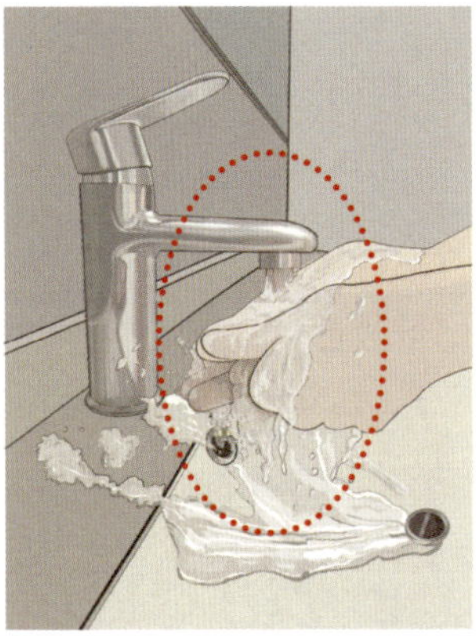

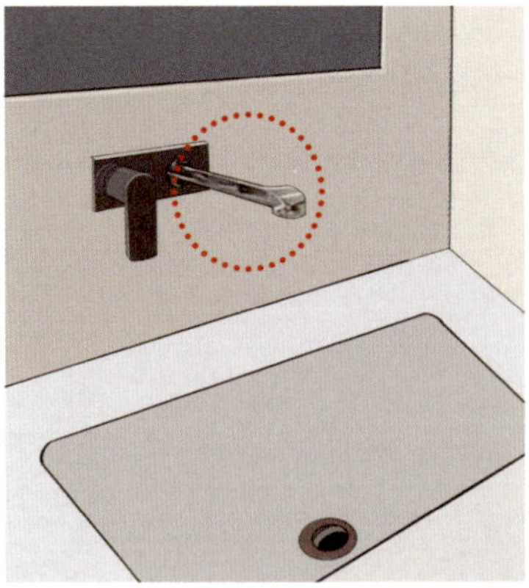

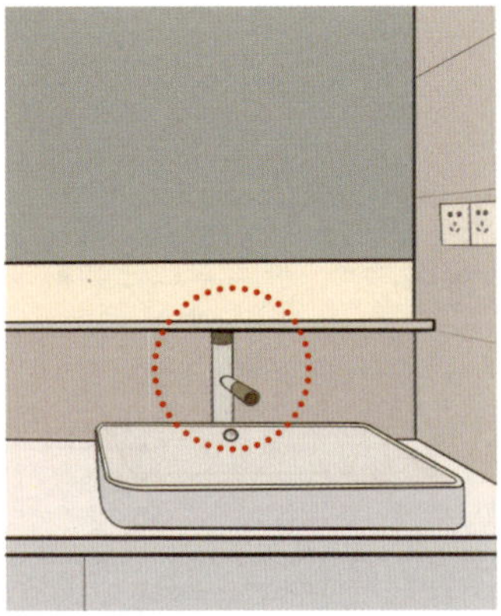

（4）脚支架洗手柜是否与地漏冲突?

复核地漏位置，避免与脚支架冲突，影响排水及部品受力支撑。

复核支架高度，若支架太矮，则会影响用拖把打扫清洁，并且无法放置洗脚盆。

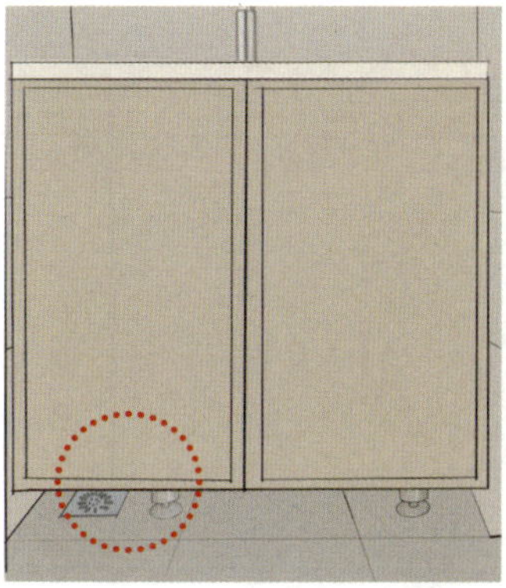

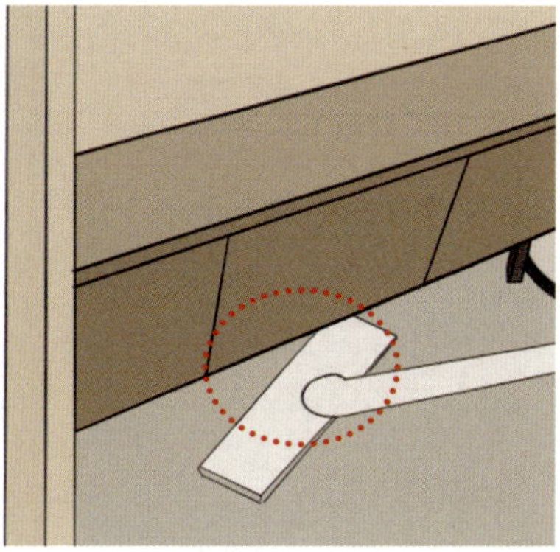

（5）判断台面石和水龙头是否存在易积水碱及擦洗清洁问题?

如果不设置净水系统，则会经常出现水碱，黑色水龙头会更加明显，需要经常清洗，以免影响美观度。

（6）洗手盆镜柜开启扇是否被遮挡?

复核插座、剃须镜等设备的位置，打开镜柜门，观察开启过程是否受阻。

查看镜柜是否到顶，若镜柜到顶，则需判断顶柜门开启时是否与吊顶上的灯具冲突。

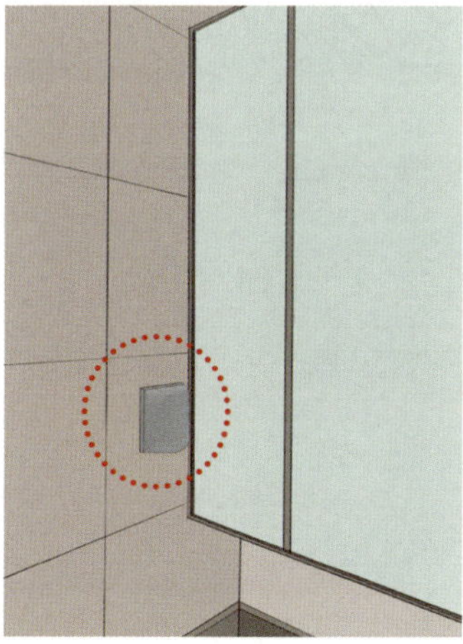

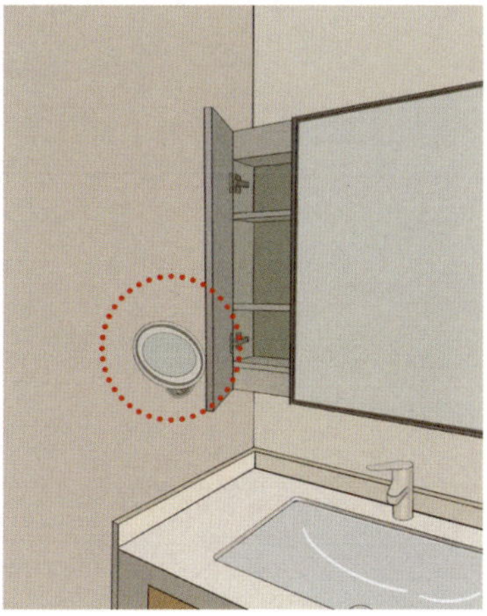

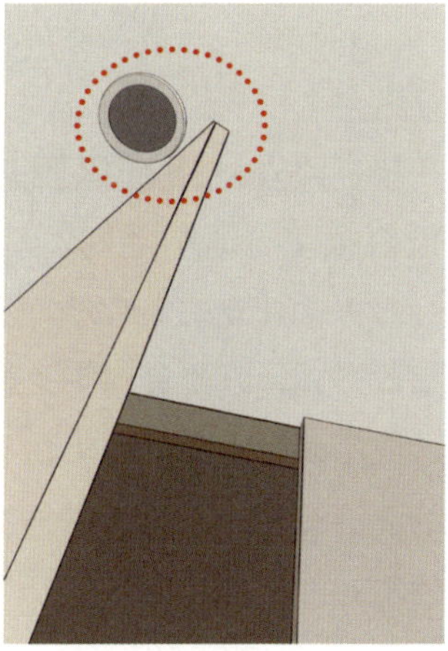

4. 浴缸安装的 3 个常见问题

（1）卫生间窗户是否被淋浴间隔断、浴缸阻挡？

查看浴缸位置，避免出现需跨越浴缸才能开启窗户的问题。

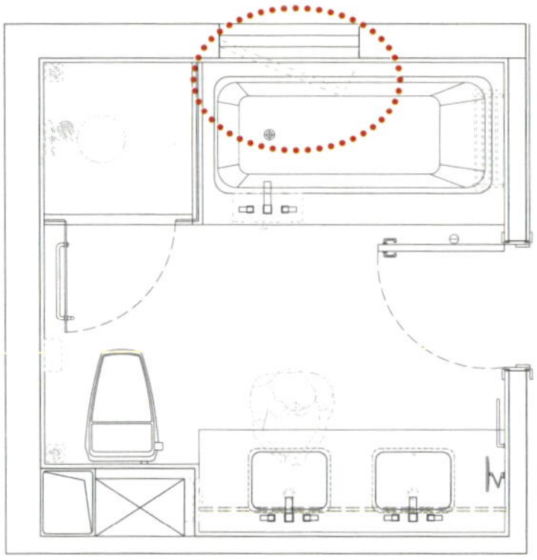

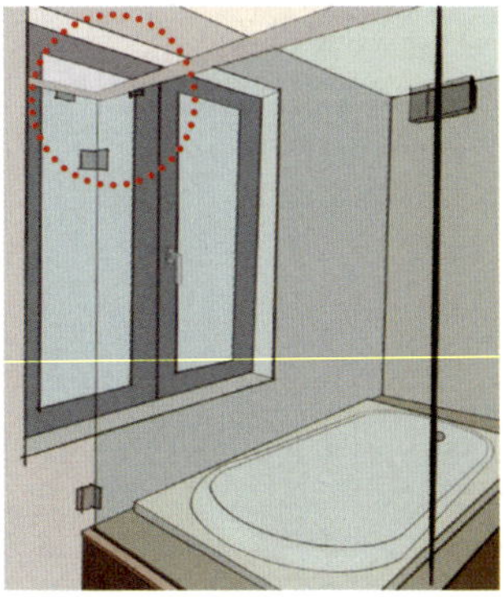

（2）嵌入式浴缸检修口是否被遮挡？

复核嵌入式浴缸检修口位置，避免其被邻近部品遮挡，影响检修。

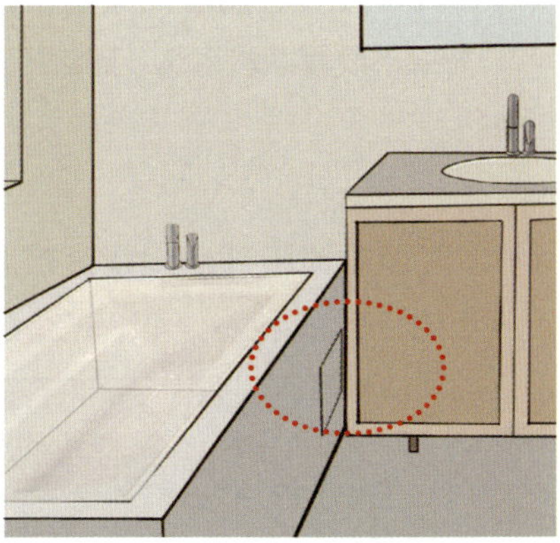

（3）独立式浴缸区附近是否预留有清洁空间？

考虑独立式浴缸选型及摆放方式，以免其对开关窗造成不便。还需预留出合理的清洁空间，避免产生卫生死角。

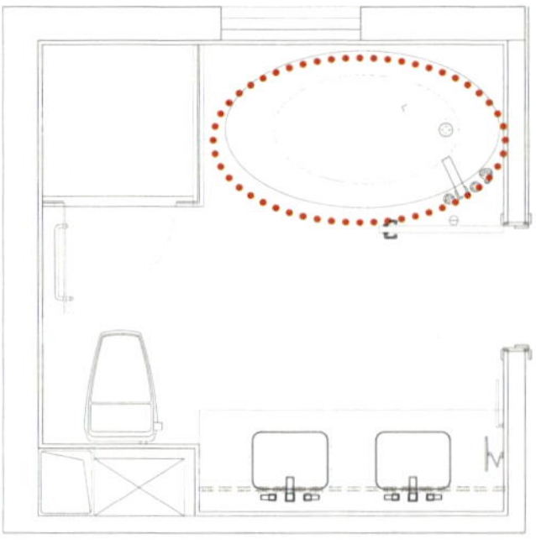

卫生间常见布局精细化设计解析

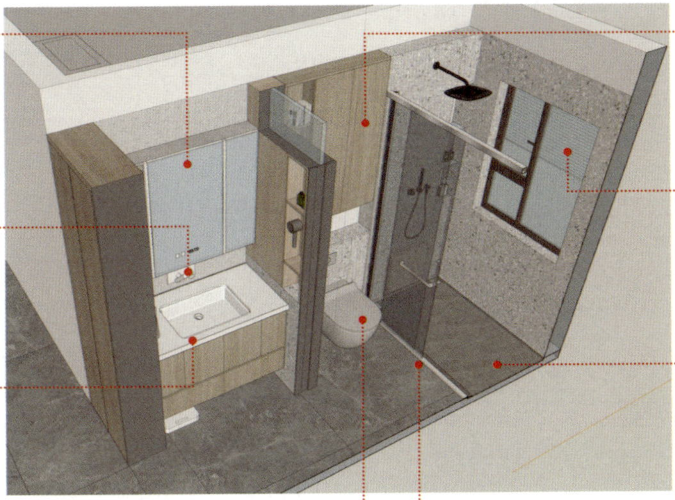

智能镜柜

手扫感应照明，一键除雾，中间宽镜柜为低频使用区，减少开启频率

水龙头

壁装屈臂式水龙头，释放台面空间，无卫生死角，易清洁打理

止水檐

内沿弧角挡水石接缝不打胶，外沿止水沿防止水流至地面

壁挂坐便器

无死角，易打理，悬挂坐便器需钢架加固及墙面受力加固，成本较高

挡水

内找坡挡水，避免凸起挡水槛带来磕绊问题，且打理方便

收纳壁柜

收纳柜底板留透气孔，确保通风，避免潮湿、发霉问题

磁控百叶窗帘

内置遮光帘，无潮湿和清洁问题，避免明装帘与开启扇冲突

排水

淋浴区地面找微坡，减少积水和细菌滋生。可设置双地漏，排水更顺畅（向地漏排水方向找坡）

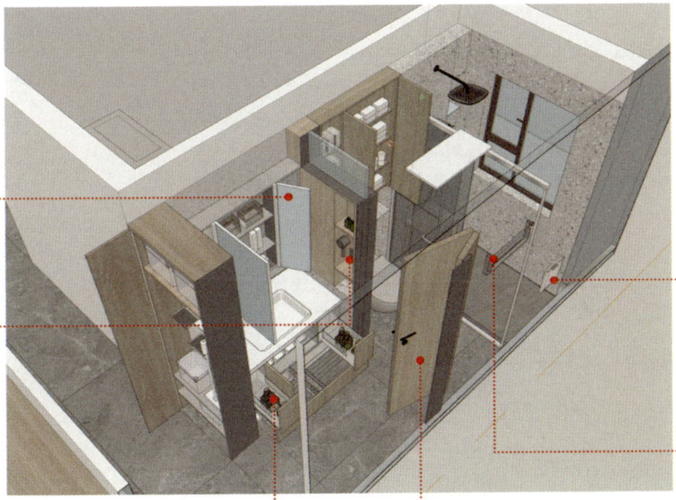

折叠镜柜

内开启折扇镜柜门，方便多角度梳妆

开放式置物格

摆放高频使用的物品，方便随手取放

抽屉

柜体边侧收纳抽屉，方便取放物品。在柜内设置防潮膜底板，避免潮湿

折叠门扇

根据空间类型判断开门方向，避免与邻近部品冲突

折叠式脏衣篓

使用时展开，不使用时收起来，释放空间

折叠式挂衣架

使用时展开，不使用时收起来，释放空间，避免磕碰

洗漱区

折叠毛巾架（可电加热），可灵活收起，不占空间，不影响镜柜正常开启

开放格

镜柜内置沥水架，可收纳电动牙刷、牙具套装等

恒温花洒

精准控温，避免极冷极热带来的不适感，不用反复调节温度

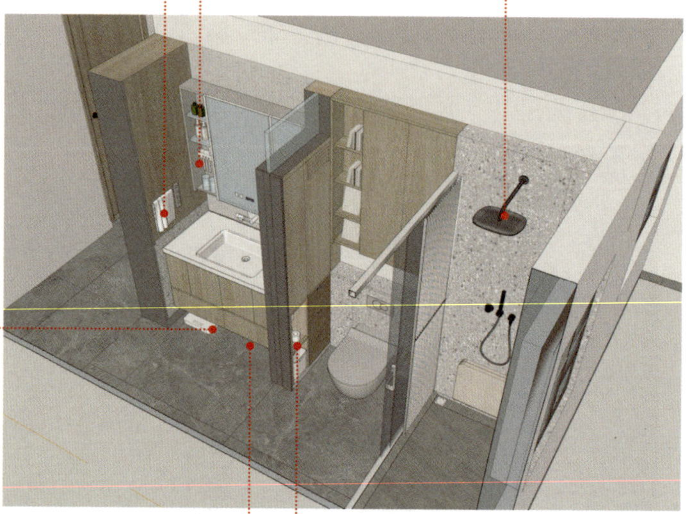

小夜灯

在柜底安装小夜灯，需考虑地面反射、眩光等问题

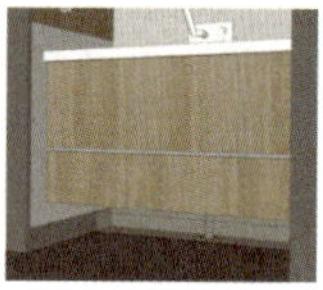

柜体离地

如果是地排下水，则建议在柜体底部做遮挡板，防止灰尘进入柜底里侧，产生卫生死角

隔墙侧壁置物台

可放书籍、手机、卫生纸等

梳妆专柜

利用镜柜门板收纳化妆用品，让浴室不显杂乱

浴室柜柜门

中间为平开门，方便安装、检查洗手盆

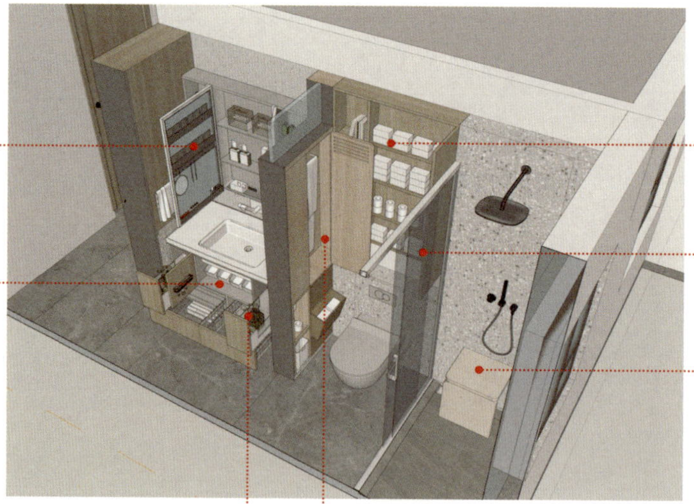

储物柜

存货塔柜

推拉门

释放空间，方便人员进出

淋浴凳

浴室折叠专用坐凳，方便坐浴及脚踏

柜内设计

柜内设有防潮膜底板，可放置泡脚盆，避免潮湿、发霉

浴巾收纳柜

2.6 家政间

家政间常见问题及设计注意点

常见问题

□ 1. **空间规划不合理：** 未根据居住者的实际需求进行规划，导致储物空间不足或功能区分不清晰，影响使用效率。

□ 2. **储物柜设计不当：** 储物柜尺寸不符合使用习惯，导致空间浪费或物品摆放不便。

□ 3. **水电线路混乱：** 插座和水龙头位置设计不合理，导致操作家电或使用清洁工具不便，存在安全隐患。

□ 4. **通风不佳：** 家政间内通常存放清洁用品和洗涤工具，如果通风不良，就容易导致潮湿和滋生细菌，甚至出现异味。

□ 5. **照明不足：** 家政间照明设计不合理，光线不足或分布不均，影响做家务。

□ 6. **地面防滑性差：** 未考虑地面材料的防滑性能，容易增加滑倒的风险。

□ 7. **噪声控制不当：** 未考虑洗衣机的平整度，以致使用时干扰家庭成员的正常生活。

□ 8. **忽视人体工程学：** 操作台、洗衣机、整理板的高度不当，造成使用者频繁弯腰、蹲起。

□ 9. **选材不当：** 未考虑板材防潮、耐污、耐擦洗性能，导致材料易发生变形。

□ 10. **缺乏智能化设计：** 未考虑智能化设计，导致使用效率低，不利于提升生活品质。

小贴士

为了避免以上问题，设计家政间时应充分考虑家庭成员的实际需求和使用习惯，选择合适的装修材料和家具，注重细节处理，确保家政间的实用性和美观性。

常见功能需求清单

□ 1. 衣物洗涤及整理区
□ 2. 烘干设备
□ 3. 熨烫、晾晒架
□ 4. 清洁用品存放区
□ 5. 存货塔柜
□ 6. 家政工具箱
□ 7. 折叠桌椅板
□ 8. 挂钩与置物架
□ 9. 清洁用品补充区
□ 10. 脏衣篮
□ 11. 无底柜设计（方便扫地机器人自由进出）
□ 12. 地脚抽屉
□ 13. 毛巾烘干架
□ 14. 洗涤池清洁区
□ 15. 安全专柜（存储急救包、灭火器等用品）
□ 16. 衣物除菌（智能衣柜，紫外杀菌）
□ 17. 折叠晾衣架
□ 18. 智能洗涤设备（洗衣机、微洗机）

设计注意点

□ 1. **收纳设计：**搭建三维储物系统，最大化利用空间。

□ 2. **可视化设计：**采用透明收纳盒，方便查找、收纳物品。

□ 3. **材料选择：**使用抗菌、防污材料，减少细菌滋生。

□ 4. **智能照明与通风：**关注智能照明与通风，避免昏暗、潮湿和异味。

□ 5. **模块化设计：**采用模块化设计，方便灵活调整和扩展。

□ 6. **关注未来的扩展：**预留足够的扩展空间，便于后期改造和升级。

□ 7. **环保与节能：**采用环保材料，降低能耗，实现资源可持续利用。

□ 8. **多功能集成：**整合家政间家具，融合更多功能，比如清洁、收纳、宠物护理等功能。

□ 9. **智能化与自动化：**智能家电和自动化系统能提高做家务的效率，实现便捷操作。

家政间常见布局精细化解析

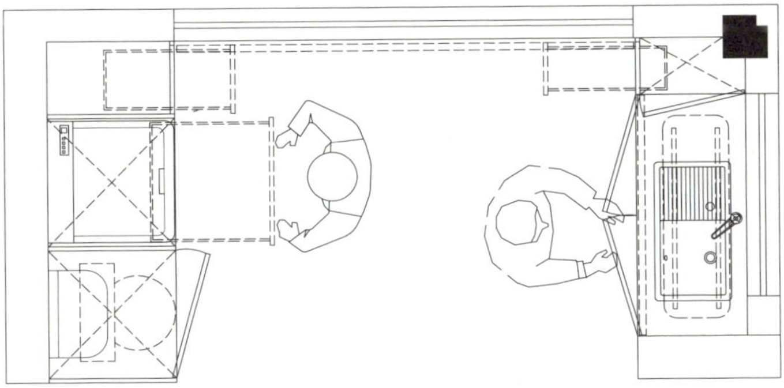

升降百叶窗帘

将窗帘暗藏在吊顶内，既节省空间，又不遮挡窗户

升降百叶窗帘

将百叶窗帘隐藏在吊顶内，不影响窗户开启，晾晒时可下拉窗帘，遮挡晾晒的衣物，不显凌乱

工具柜

收纳拖地机、熨衣板、晾晒架等

洗烘一体机

平嵌式安装，可站立操作

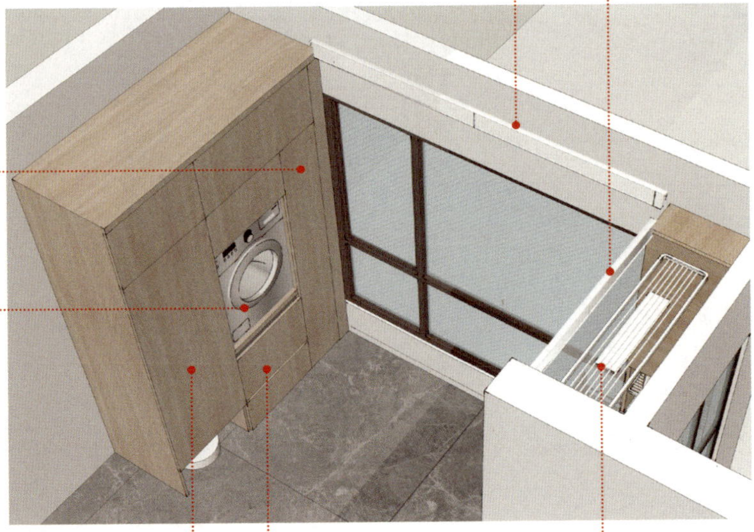

隐藏式家电柜

收纳微洗机、自清洁扫地机器人等

集成柜

内置脏衣篮、可伸缩晾衣架、置物板等

升降晾衣架

将晾衣架平嵌在吊顶内，不影响窗户开启

1. 家政柜使用场景

调节盲板

在到顶高柜顶部设置盲板，便于调节，安装灵活。比如当天花板水平度存在误差时，可避免到顶高柜门扇与天花板卡碰；当灯具突出天花板完成面时，设置盲板，可避免开启到顶高柜门扇与设备卡碰

洗烘一体机

洗烘一体机中心距地约 1200 mm，可减少洗衣时弯腰蹲起动作，便于站姿使用，一机两用，节省空间

置物板

可放置盛衣篓，方便从洗衣机内拿取衣物

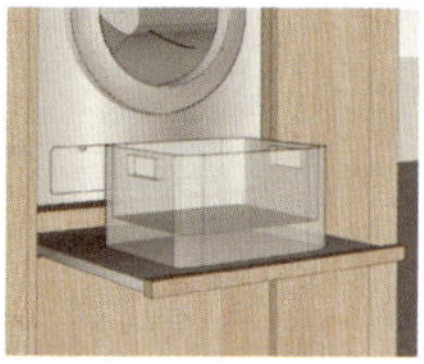

工艺扣手

柜门斜角切边，隐藏拉手，美观实用。注意：时间久了，普通反弹器会失灵，导致柜门无法回弹或关闭，可搭配卡扣碰珠

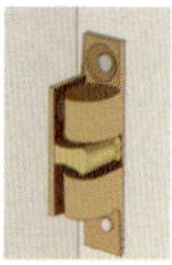

无底柜

取消底板和柜门，内置自清洁扫地机器人，方便扫地机器人自由进出

脏衣篓

就近设置抽拉抽屉，内置脏衣篓，方便就近洗衣

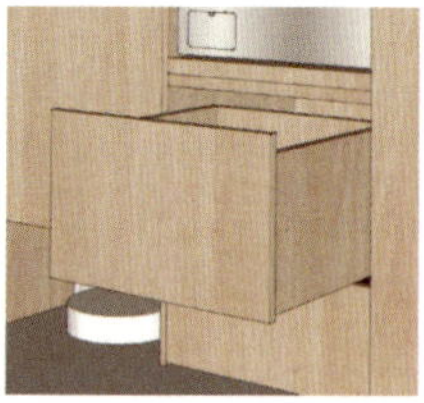

随意停支撑架

上翻柜门，搭配静音液压缓冲器及随意停拉杆支撑架

高位储物区

高柜层板区内宜存放低频使用的物品或放置质量较轻的物品，便于取放

暗扣手（防磕碰）

在洗衣机下方设置抽拉式脏衣篓，暗藏抽拉式置物板

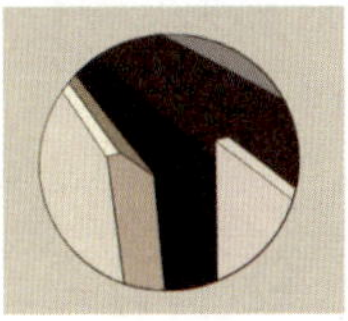

地脚抽屉

低位抽屉，宜存放低频使用的检修工具，或者放置较重的物品

脚踏板

方便登高取物，有两种使用方式：

方式一：定制抽拉脚踏板（成本及工艺要求较高），辅助拿取高处的物品；

方式二：采用成品脚凳，随用随取，经济实用

懒人模式

在洗衣机上方的置物格内就近放置洗衣液，便于随手取用（高度宜在1400 mm 左右，确保安全操作）

识别取物（备用收纳）

采用透明储物盒，在低位可以看到高位存储的物品

晾衣架

可抽拉隐藏，在对应的下部置物板上放置滴水槽，避免水落到地面上

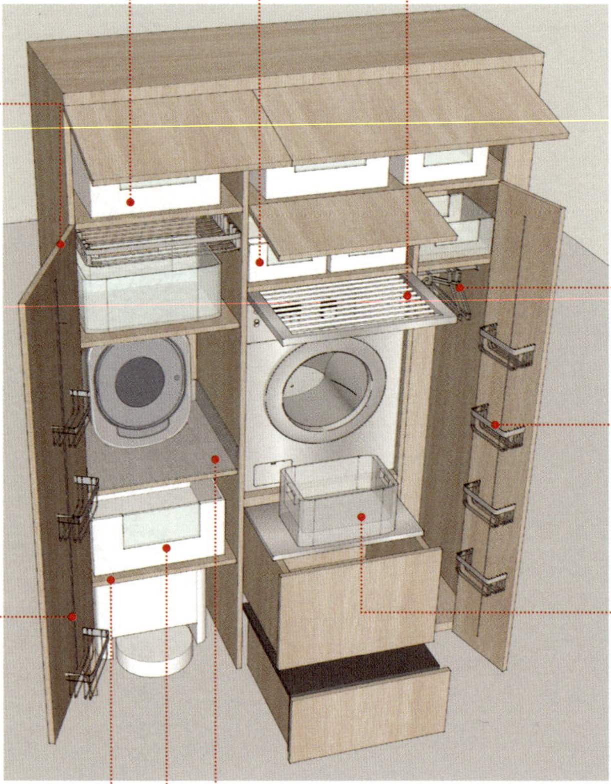

广角链

阻尼铰链，缓冲无噪声，可广角开启；动能铰链，采用机械动能自动开门，通过外力触控门扇自动开启及缓冲式关闭

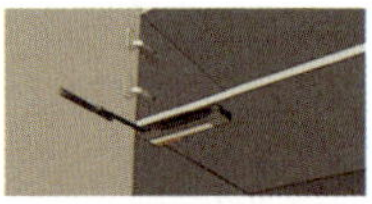

挂衣架

邻近洗衣机存放，方便随手取放衣物

围货塔

在高柜的门板上悬挂置物篮，合理使用柜体垂直空间

拉直器

防止高板门变形

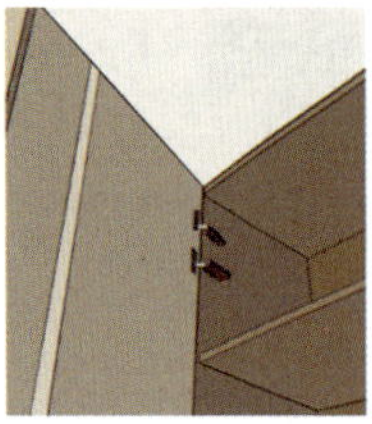

台面置物滴水槽

抽拉式置物板，确保上方晾衣服时产生的水不会落到地面上

防潮膜

在微洗衣机底部设置铝箔防潮膜，防止滴水导致的柜体受潮、发霉、变形

调节板

可灵活拆卸，满足邻近设备后续的安装及检修

快拆抽屉

深柜储物宜设置专用抽拉式透明储物盒，便于快速查找物品

2. 家政柜水电预留注意点

行程照明开关

柜门开启，照明同步联动开启，便于寻找物品。

提前规划电路，要隐蔽并便于检修；

设置行程感应照明及其他照明形式（无线人体感应照明、手扫感应照明、成品充电式感应照明）；

柜体内暗藏接线（低压安全灯带），设置漏电保护

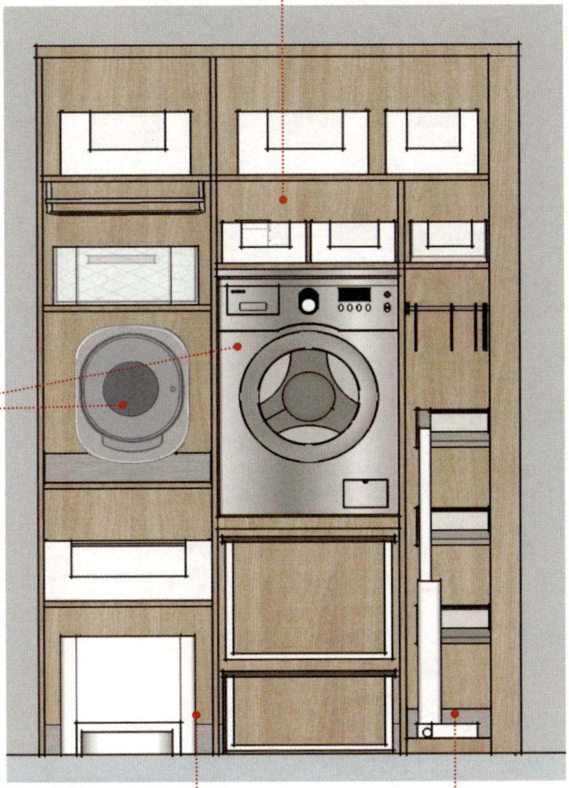

水电条件

预留微洗衣机、洗烘一体机电源插座及给水排水条件；

水龙头及插座插头要避免被洗衣机遮挡，影响归位及检修；

水龙头及插座插头要避免与柜体横立板冲突；

给水排水管定位要避免与电点位交叉和冲突，避免意外漏水触电

水电条件

预留自清洁智能扫地机器人电源插座及给水排水条件，给水排水管不要与相邻器件冲突；

给水排水管不得影响设备归位及确保设备便于安装检修；

给水排水管不得与电点位冲突，要避免意外漏水触电

备用电源插座

低位预留自清洁电动拖地机、吸尘器、电熨斗等备用电源插座；

根据需求提前预留电源插座，避免后续接明线造成凌乱及漏电问题；

安全通用原则：设备充满电，要能自动断电，确保安全；可选用智能插座，手机遥控及定时开关，消除安全隐患

3. 家政洗涤区

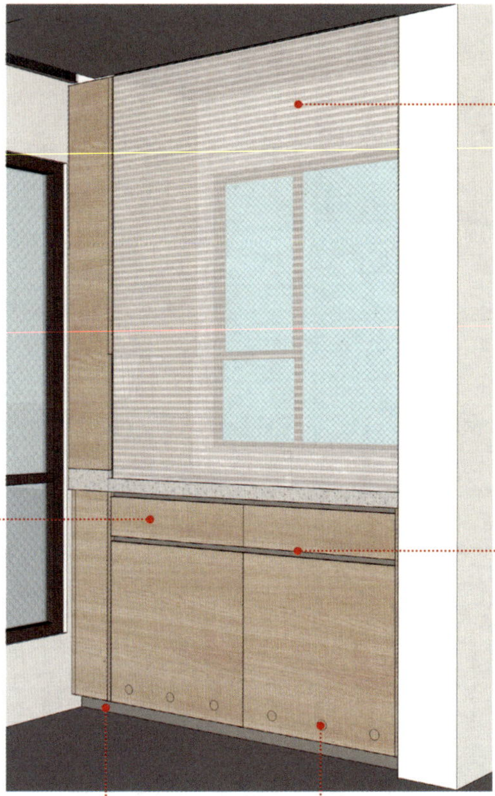

升降百叶窗帘

将百叶窗帘隐藏在吊顶内，以免影响窗户正常开启，晾晒衣服时可下拉窗帘，遮挡晾晒衣物，不会显得凌乱

侧翻板

利用浅区空间，做侧翻超薄柜，用于存储清洁类小工具

工艺扣手

采用暗扣手，简约整洁，减少明装把手的磕碰现象

内退踢脚板

在柜体底部预留容脚空间，站立时方便贴近台面

透气孔

在柜体底部预留透气孔，确保柜体内空气流通，有利于保持柜内空间干燥

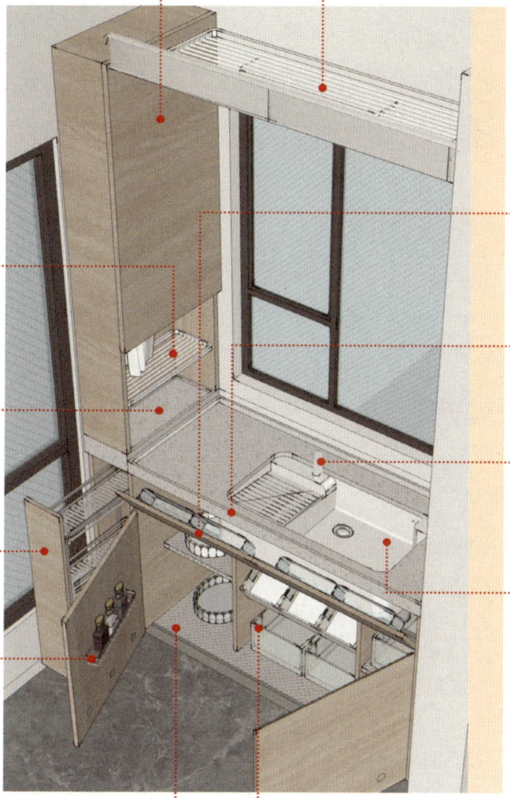

囤货塔

超薄边柜，可用于储存清洁用品

升降晾衣架

将晾衣架隐藏在吊顶内，不占用空间，不遮挡视线

无底柜沥水架

通风透气，减少潮气，避免滋生细菌

侧翻板

利用浅区空间，做侧翻超薄柜，用于存储清洁工具

止水沿

避免水流滴到地面上，带来滑倒风险

止水台

木质柜体板落在凸起的台面上，避免被水浸泡变形

抽拉式水龙头

可以无死角清洗，不影响窗户开启

工具拉篮

存储洗涤用品、家政清洁小工具

集成洗涤池

带搓衣板、洗涤液、肥皂沥水架等，台下盆安装考虑荷载加固，避免塌陷脱落（其他类型：a. 将水龙头安装在台盆上，避免在台面上方开孔，方便清洁；b. 暗藏洗涤剂，不占用台面空间；c. 陶瓷一体盆，无缝隙、不打胶，方便清洁）

垂直扩容

在门板上安装免打孔挂篮、挂架、磁吸收纳盒等

防水、防潮柜板

给水池柜内底板、层板做防潮膜

透明收纳盒

收纳常用的洗涤用品，方便识别

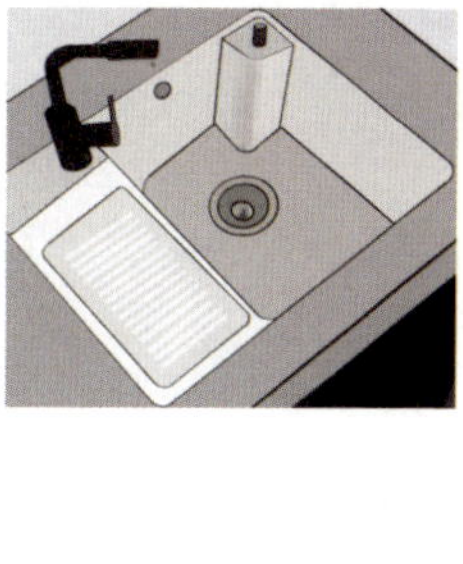

3

门、窗精细化设计

3.1 门

入户门常见问题及精细化设计

常见问题

☐ **1. 门无法 90° 开启：** 查看门后墙垛空间，避免门锁把手磕碰墙体，确保门能正常开启。

☐ **2. 门扇磕碰墙体：** 在门后设置门挡，类型有壁装门挡、地面门挡、防撞扣等。

☐ **3. 门槛高，存在磕绊风险：** 注意门槛高度及安装位置，可设置导坡垫，避免磕绊。

☐ **4. 入户门颜色不协调：** 注意入户门风格与装修风格的整体性和谐，确保风格统一。

☐ **5. 门牌号被遮挡：** 门牌号被对联遮挡，不方便访客识别。

☐ **6. 可视猫眼被遮挡：** 查看猫眼（墙壁暗装集成式猫眼）是否被门福遮挡。

☐ **7. 手持物品时不便开锁：** 查看门锁功能，比如是否有人脸识别功能，这样的门锁开锁时可解放双手。

☐ **8. 担心忘记关门：** 安装智能门锁，当门未及时闭合时，会报警。

设计注意点

☐ **1. 门底框定位：** 嵌入方式分为无嵌入、半嵌入和全嵌入。安装嵌入式门底框，需注意预埋深度，以及门框与地暖、水电管线是否冲突。

☐ **2. 入户门做差异化设计：** 在入户门上预留带纱窗的暗门，适合对通风要求较高的户型；增加第二道纱窗门，适合温热及沿海地区，既通风又防蚊虫。

☐ **3. 入户门做双向门套：** 门套能保护墙角，加强门框的密封性，需确保门洞对角水平度，避免门套翘边。

入户门设计相关物料

项目	内容
猫眼及可视门铃	包括置门猫眼、置门门铃猫眼、置门智能猫眼、置墙预装集成猫眼
门锁	包括执手机械锁、执手智能锁、推板智能锁、嵌入式无把手智能锁等
门挡、防撞扣	包括地面式门挡、低位防撞门挡、中位防撞门档、高位防撞门挡
卡位器	开门固定限位，有利于搬运，方便出入
防盗扣	限位开启，双重安全防护
密封条	防尘、隔声、防风、防虫、防撞
斜坡垫	缓冲过渡，避免入户时凸起门框导致磕绊
户牌 （喷涂、丝印、亚克力等）	安装于墙面：宜安装在门洞对角上方，不宜安装在门洞正上方。安装于门扇：宜安装在门锁正上方，不宜安装在猫眼上方

卧室门精细化设计

设计注意点

□ **1. 外形：**室内门配色、纹理要与空间整体风格协调统一。

□ **2. 选材：**室内门宜与其他木饰为同一厂家，便于控制整体感。

□ **3. 门框：**暗框需考虑踢脚线是否齐平，避免端头截面裸露。明框需考虑墙垛宽度及其与邻近部品的衔接，避免冲突。

□ **4. 门扇：**门扇后净空间（含门把手）可以 90° 开启。暗门齐平口，复核受力点，确保开启撞击的稳定性。预判门扇关联性，避免开启扇与门后空间部品碰撞。

卧室门设计相关物料

项目	介绍
门锁	静音磁吸门锁；防挂执手锁，避免磕碰；球形锁手握易打滑，操作比较费力
密封条	与门是同色系，确保整体感；嵌入式安装密闭性好
门底刷	自动伸缩式门底刷，防尘、隔声
防撞门扣、门挡	避免磕碰及撞击噪声
铰链	包括暗藏铰链、明装铰链、液压自闭铰链、拆卸式铰链
防倒链	避免门扇过高、过重、偏倒

厨房推拉门精细化设计

设计注意点

□ **1.** 加固吊轨，增加荷载，估算承重受力，避免吊轨变形、脱落。

□ **2.** 增加密封条，确保密闭性，降低噪声。

□ **3.** 不设地轨，地轨容易造成磕绊且清扫困难。

□ **4.** 配置止摆轮，避免因推拉晃动而脱轨。

□ **5.** 设置缓冲阻尼，配置阻尼器或静音条，避免撞击噪声和意外夹手。

□ **6.** 玻璃的透光性强，建议设置防护安全提示帖，避免碰撞。

□ **7.** 为邻近滑轨设备预留检修口。

推拉门常见形式

形式	介绍
平移式推拉门	包括吊轨、天地轨、单轨、双轨等，使用广泛
多联动推拉门	可最大限度地利用空间，美观时尚
PT 门	适合小空间，推拉加平开两步操作开启
嵌入式推拉门	内嵌在墙体或隐藏在柜体中
电控智能推拉门	可手动按键开启、感应开启、智能声控开启、APP 开启

门的常见问题自查

1. 门的 10 个常见共性问题

（1）门锁是否与邻近玄关柜体门扇或抽屉开启冲突？

可设置盲板或优化布局，也可以更换门锁或适当降低抽屉高度。

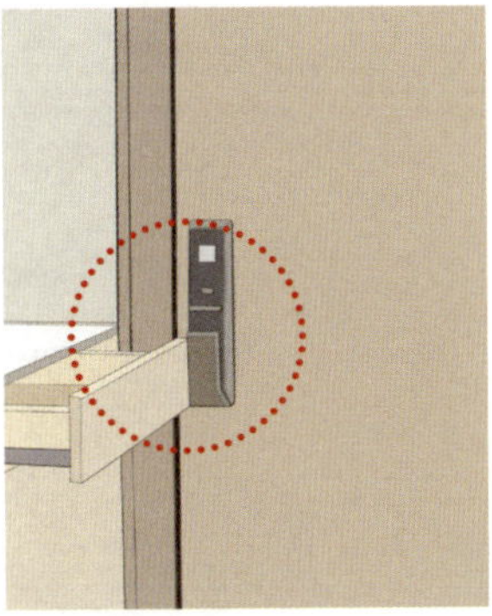

（2）门扇、门锁、门把手是否磕碰墙体？

可以考虑安装静音防撞扣或门挡，避免撞击噪声。

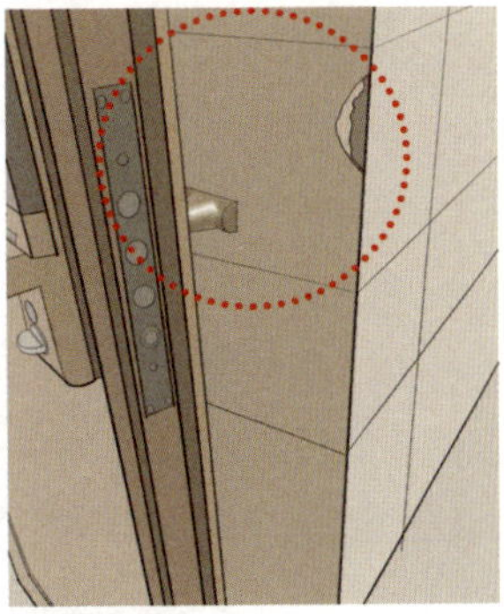

（3）门框安装是否冲突？

在小户型中，邻近门洞距离太近，墙垛的尺寸过窄，通常会导致门框安装时叠加冲突或宽窄不一。比如右下图阴角处门框宜贴合紧密，避免留缝，产生卫生死角。

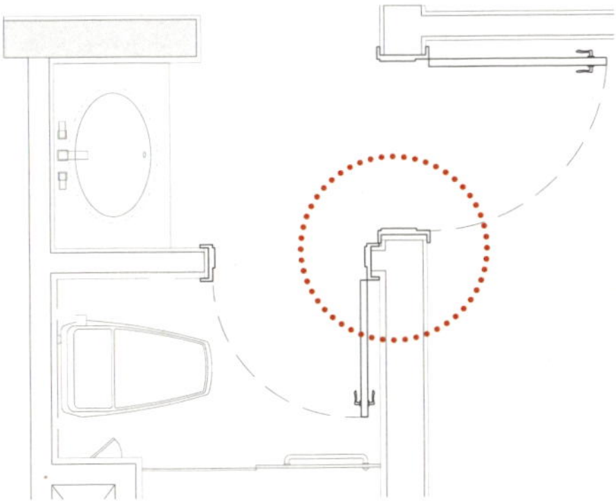

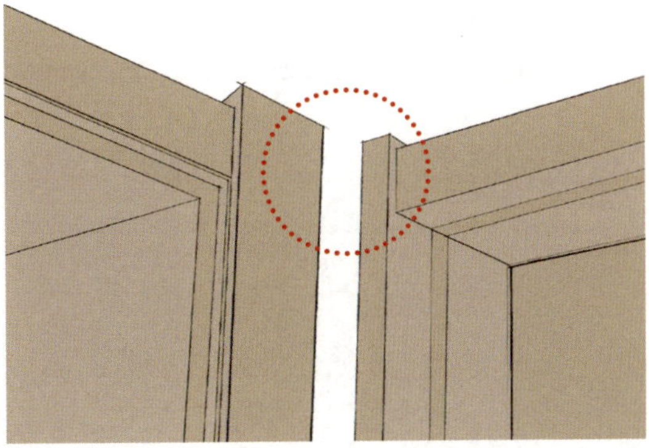

（4）开门时门扇是否与暖气片、浴巾架、空调、集水器等部品冲突？

复核门后空间，考虑部品间的关联性，避免开门时门扇与暖气片、浴巾架等冲突。

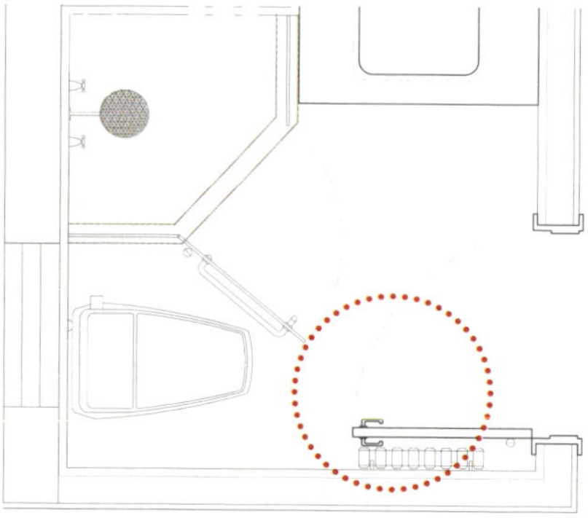

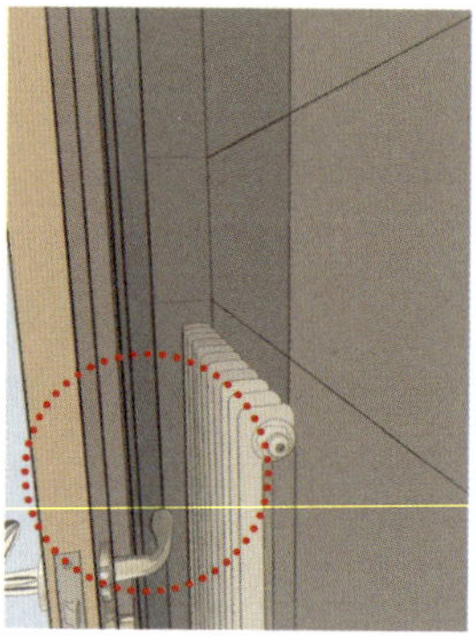

（5）门框是否与石膏线、邻近操作台冲突？

复核门框安装高度，避免其与石膏线产生冲突。考虑关联性，避免门框与洗手台冲突。

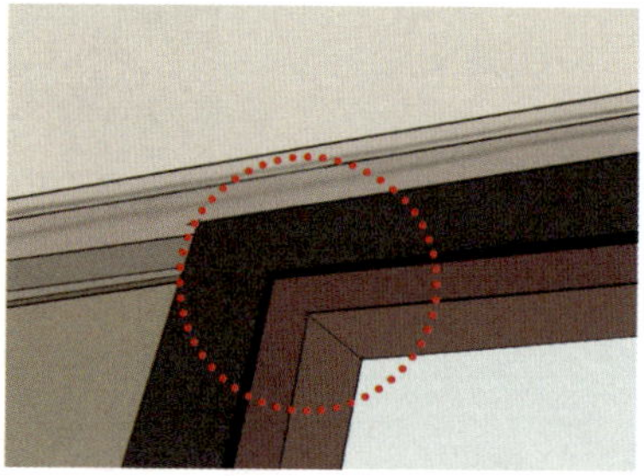

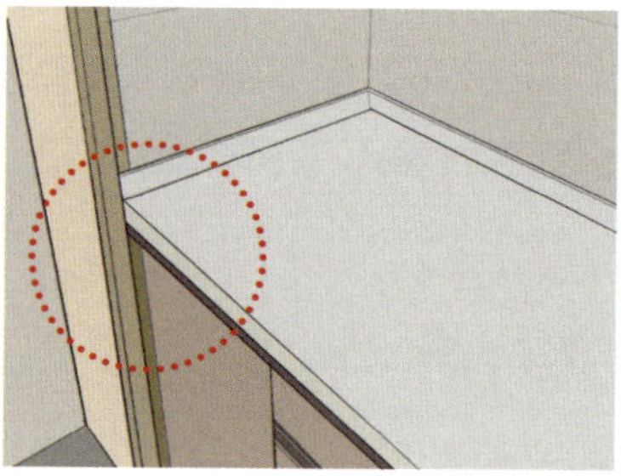

（6）门框是否与踢脚线冲突？

注意踢脚线厚度及类型，以及门框设计形式与踢脚线收边的关系，避免冲突。

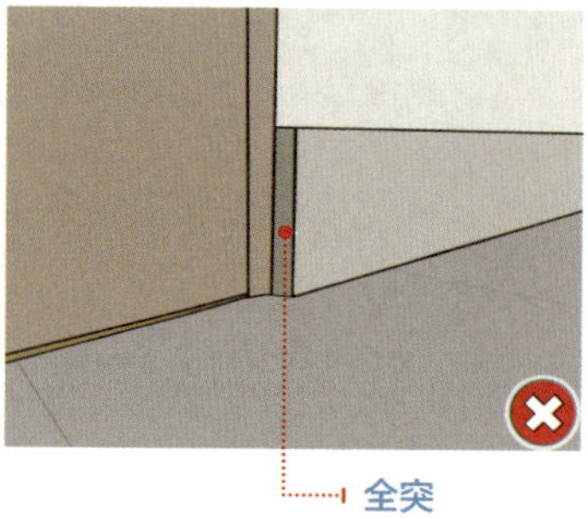

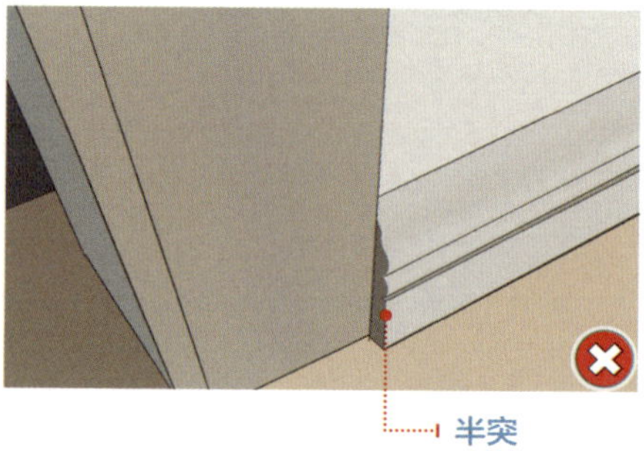

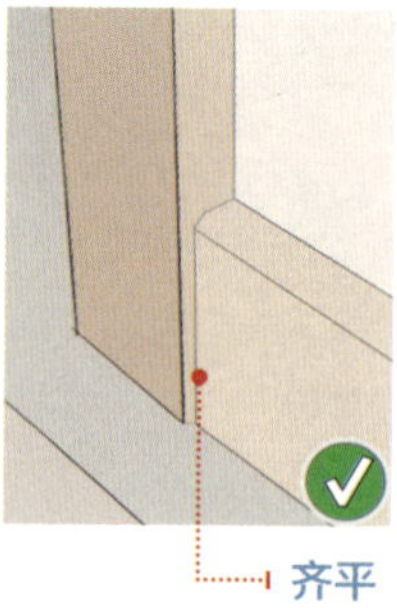

（7）木质门框是否设有门框脚墩？

木质门易受潮，易发霉腐烂，可设置防水门墩或挡水基座，用于防水防潮。

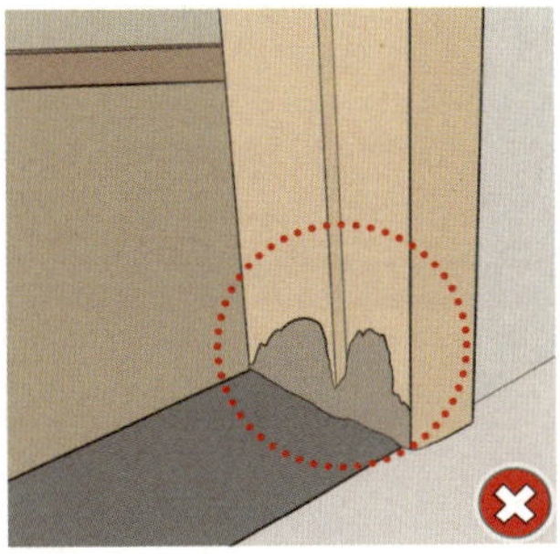

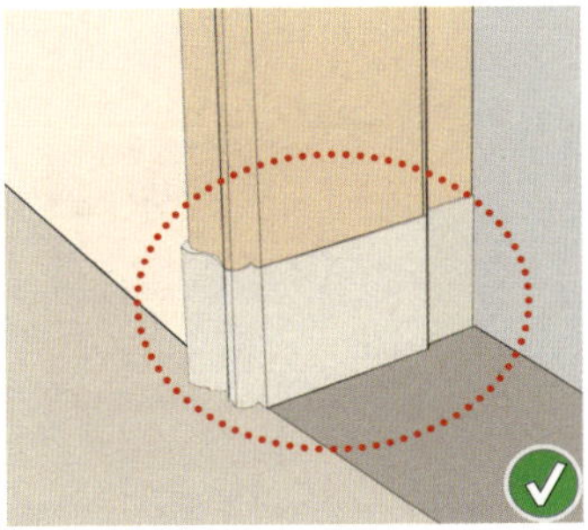

（8）门扇是否可以 90° 开启？

门扇、门锁会占用一定的空间，如果门后净空间不足，则会影响门扇 90° 开启。

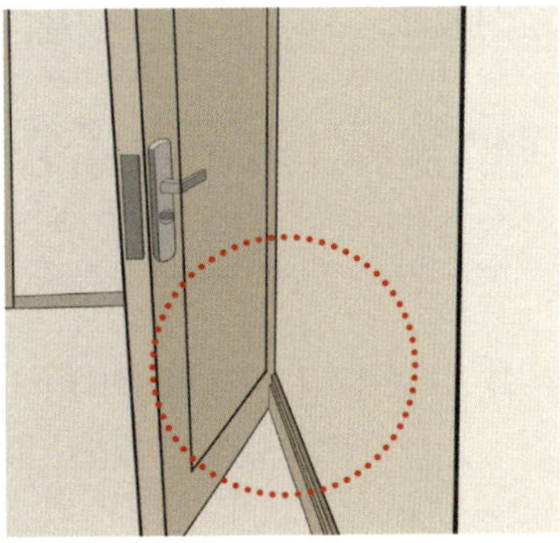

（9）门扇关联物料的相关问题

不建议将门限位器安装在地面，否则会妨碍拖地，容易产生卫生死角。

宜在门底安装自动升降隔声密封条，用于防虫、防尘、隔声。

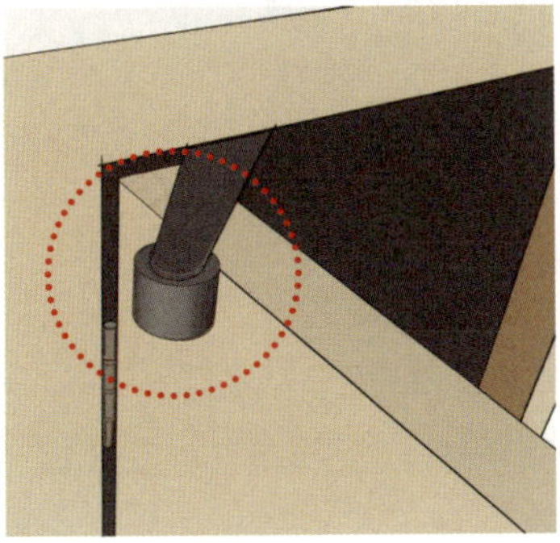

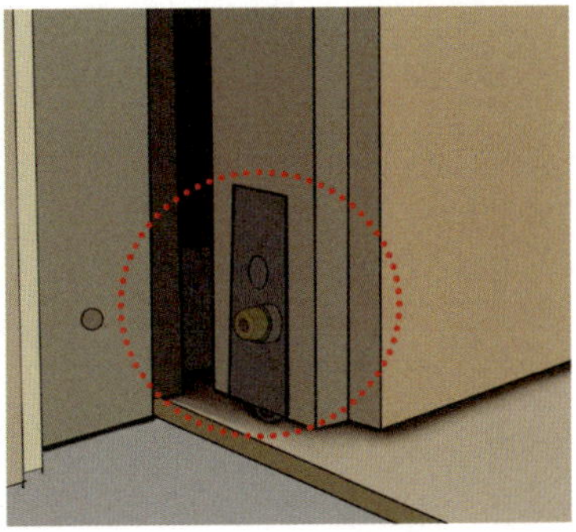

（10）门框是否遮挡橱柜门或抽屉？

邻近门框边侧的橱柜门或抽屉处可设置调节板，避免卡位影响正常开启。

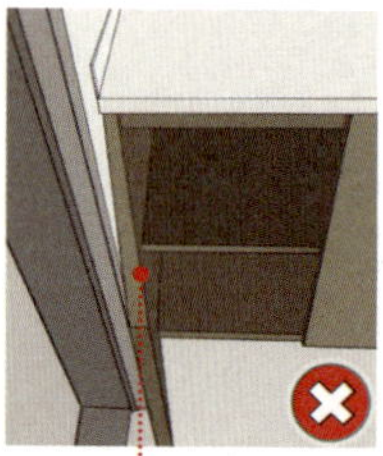

边侧柜门与门套冲突

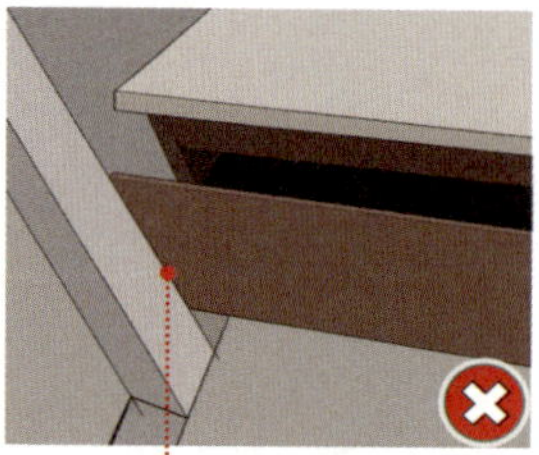

边侧抽屉与门套冲突

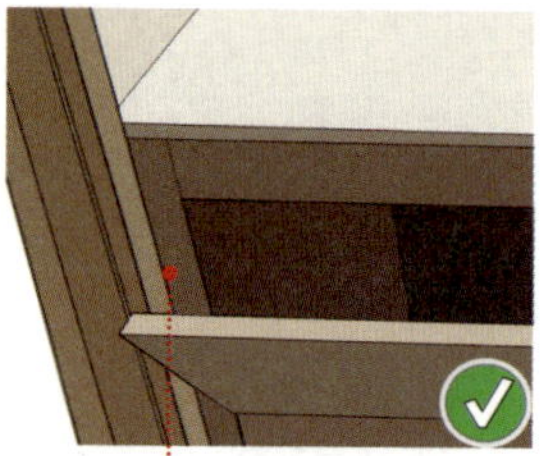

边侧做盲板，不影响开启

边侧做盲板，不影响开启

2. 厨房门的 3 个常见问题

（1）厨房门洞口净宽是否影响冰箱进入?

复核门扇厚度及门锁是否影响净宽，避免门洞口过窄，影响搬运大件家电。

（2）厨房木门上是否预留了观察窗?

建议在门上预留观察窗，可实时观察里外人员的活动状态，避免视线盲区，造成拿取食物时碰撞烫伤。

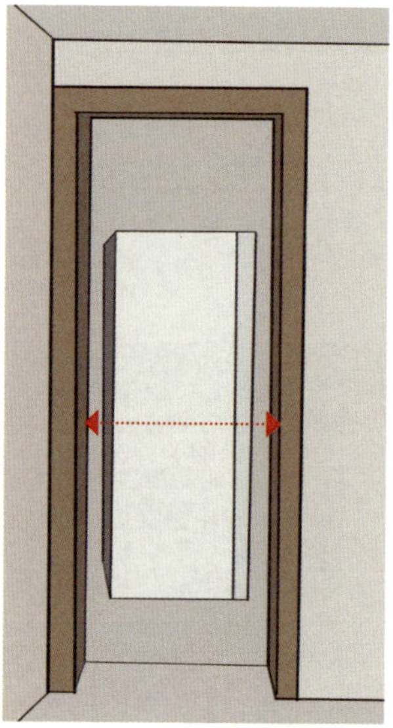

（3）厨房门两侧墙垛尺寸是否合理?

结合实测尺寸，判断门套宽度及选型，避免裁切破坏门框的整体性。

注意厨房操作台与门框的衔接关系，避免因尺寸误差，而在安装时造成冲突。

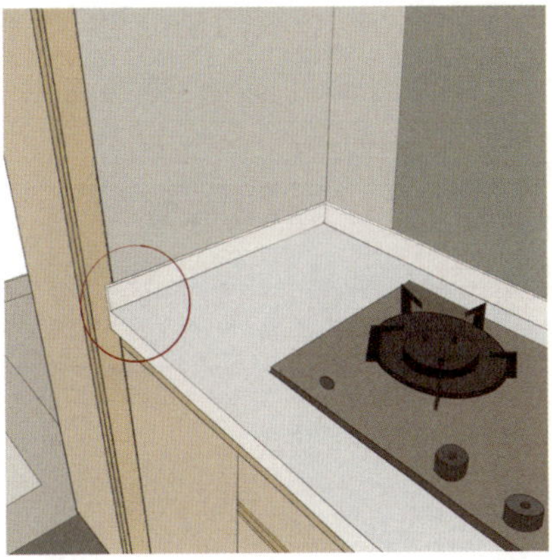

3. 卫生间门的 9 个常见问题

（1）卫生间门是否与淋浴间玻璃门冲突?

避免淋浴间玻璃门外开时与卫生间门冲突，淋浴间的门可改为推拉式。不建议淋浴间的门为内开式，如果洗浴的人意外晕倒，那么可能会因门扇被遮挡而影响正常施救。

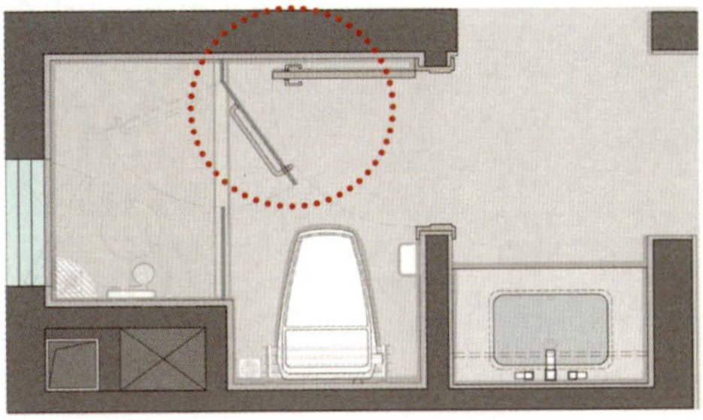

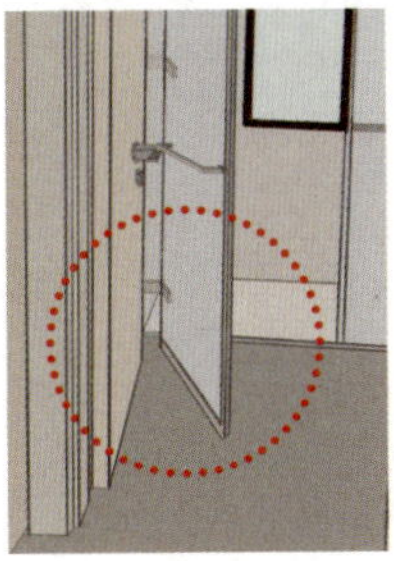

（2）淋浴间玻璃门是否与坐便器冲突?

卫生间布局通常较紧凑，复核坐便器位置及玻璃门开启方式，避免两者相互冲突。

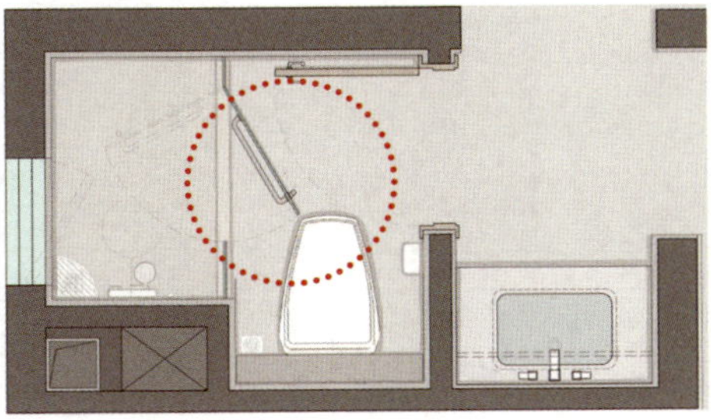

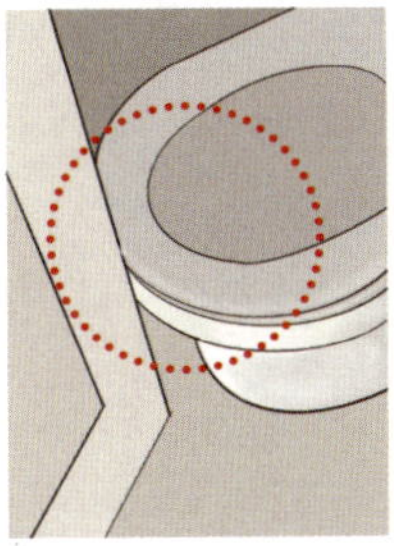

（3）淋浴间玻璃门是否与门后部品冲突？

淋浴间玻璃门外开容易磕碰坐便器，设计时应注意。

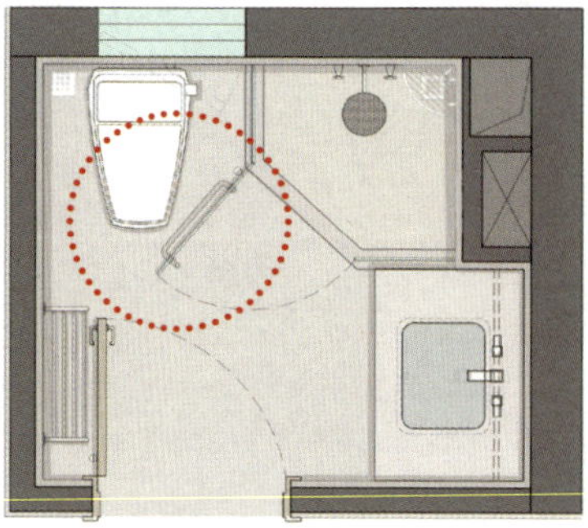

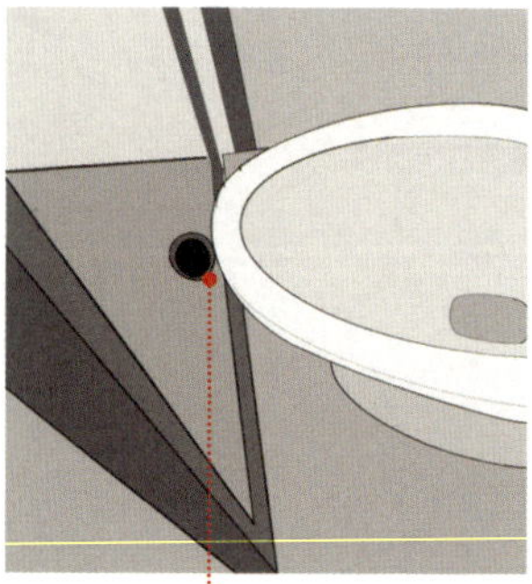

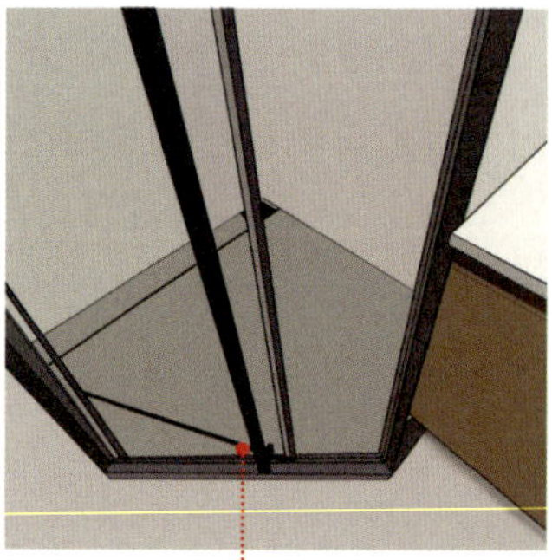

（4）卫生间平开门是否与坐便器冲突？

坐便器与卫生间门邻近时，容易产生冲突，而推拉门、折叠门、翻转门可缩短路径，避免冲突。

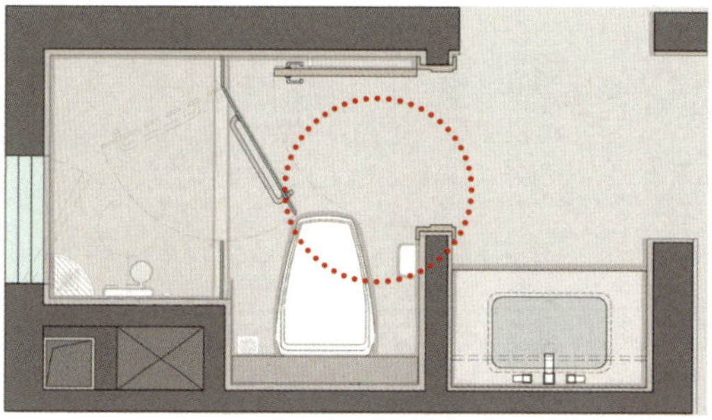

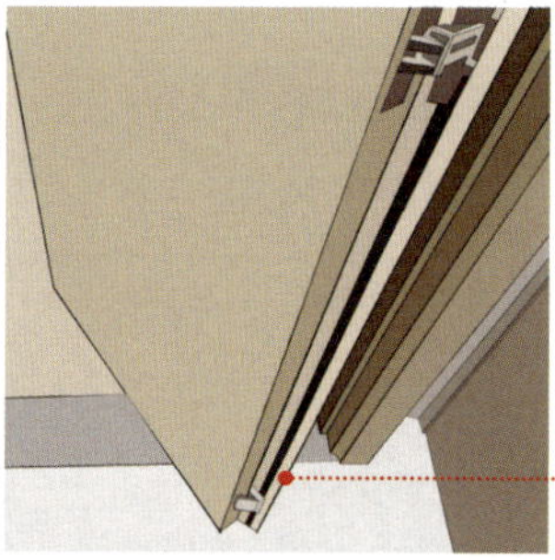

（5）卫生间门是否与电热水器冲突？

复核电热水器的安装位置及高度，避免门扇开启时与其冲突。可适当提高电热水器内嵌在天花板中的高度，避免其与邻近门扇发生磕碰。

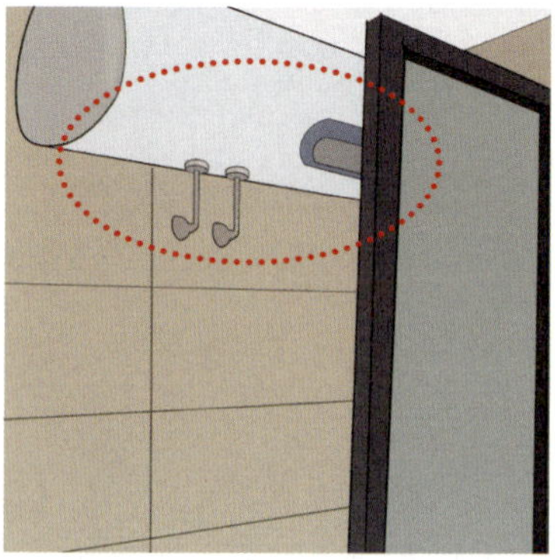

（6）卫生间门框是否与洗手台冲突？

预判卫生间门框宽度，避免其与洗手台冲突。

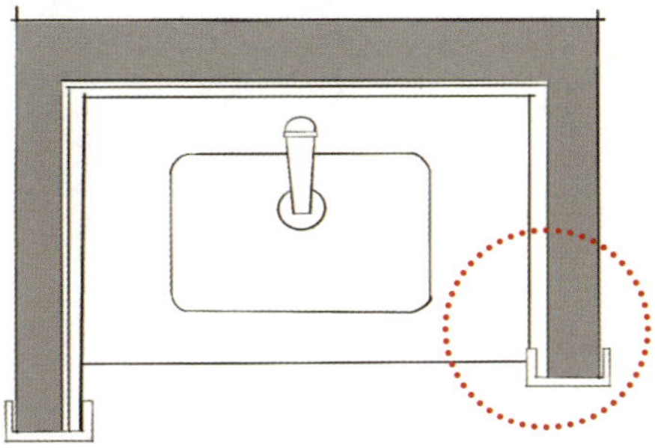

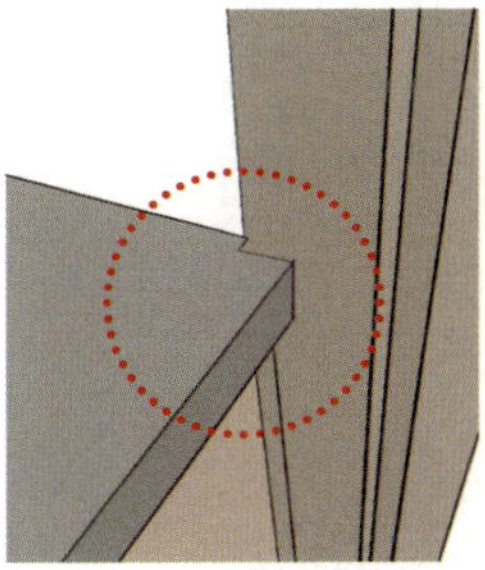

（7）卫生间木门框是否防水防潮？

卫生间木门框不宜直接落地，避免其受潮、发霉、变形。

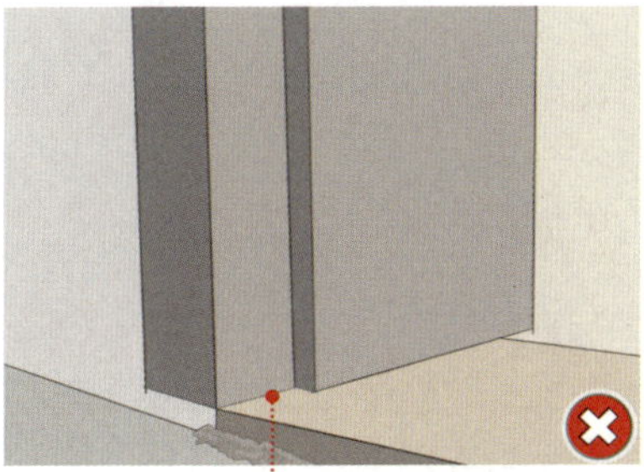

门框底部悬空，易产生卫生死角

门框落在门槛石上，可减少湿水

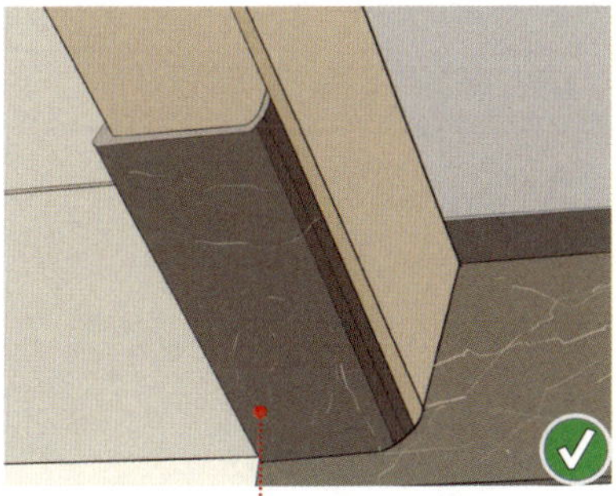

门框外部套有防水脚墩

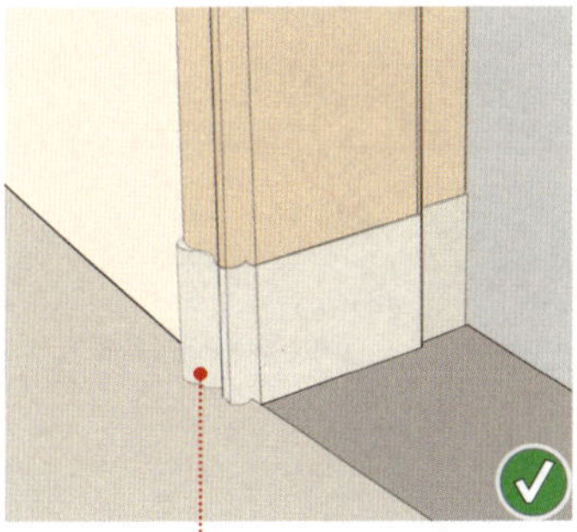

门框全部套有防水脚墩

（8）卫生间门通行净宽是否满足洗衣机进出？

注意门扇厚度及门锁把手是否影响通行净尺寸，建议尽量设置推拉门，以便于通行和方便挪动洗衣机。

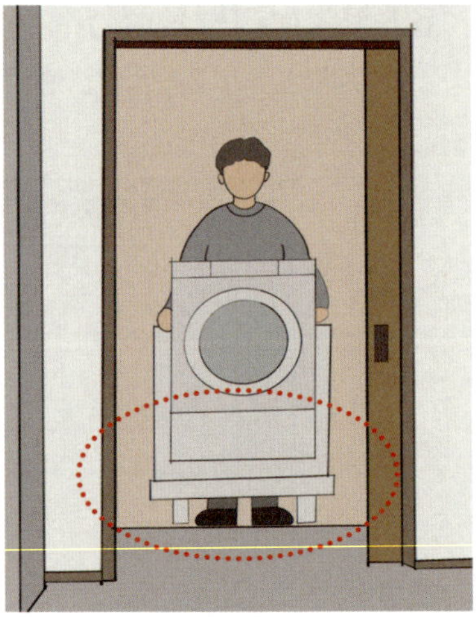

（9）考虑卫生间布局的关联性，邻近部品是否与洗衣机冲突？

滚筒式洗衣机前方空间太小，开门时容易与邻近的坐便器冲突。

注意滚筒式洗衣机的开门方向，避免开门与操作动线相反，不方便操作。

复核门后净空间，避免因门锁与洗衣机冲突而影响门扇 90° 开启。

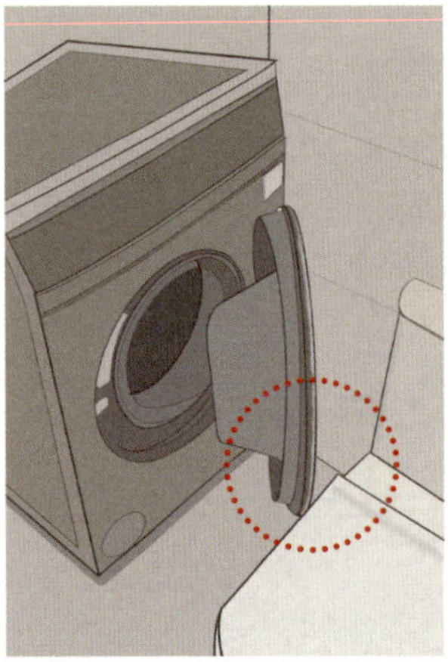

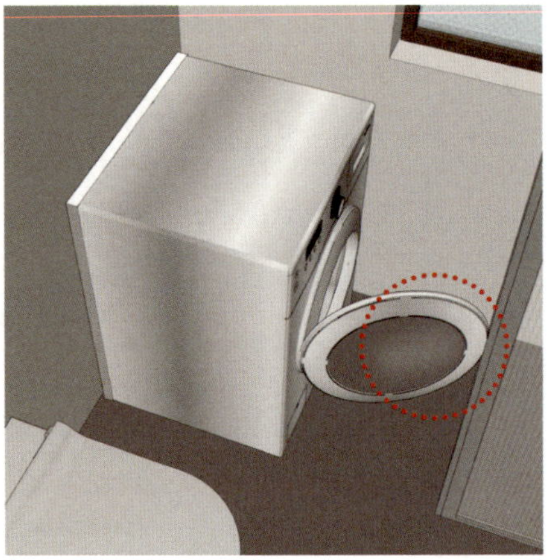

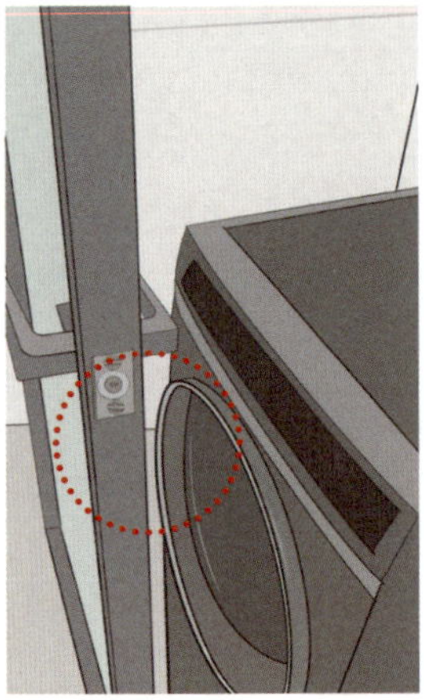

3.2 窗户

窗户常见问题及功能需求清单

常见问题

☐ 1. **开启扇被吊顶遮挡：**注意窗户与吊顶、结构梁等的关系，避免开启扇被遮挡。

☐ 2. **开启扇被水龙头遮挡：**注意开启扇与邻近部品的关联性，避免开启扇被遮挡。

☐ 3. **开启扇被窗帘遮挡：**注意开启扇与窗帘类型及位置的关联性，避免开启扇被遮挡。

☐ 4. **开启扇被花洒遮挡：**注意开启扇与空间其他部品的关联性，花洒与开启扇是否冲突。

☐ 5. **担心雨天忘记关窗：**匆忙外出，担心忘记关窗，可使用智能远程闭合器自助关窗。

☐ 6. **安全防护问题：**可以为窗户安装护栏或安全纱窗，预防高空坠物现象。

☐ 7. **苦于窗帘清洁：**厨房和卫生间的明装遮光帘易被油污、水渍污染，造成清洗烦恼。

常见功能需求清单

☐ 1. **窗户类型**（考虑是否合规和是否满足使用需求，常见类型：内开、外开、内开内倒、上下悬开窗）

☐ 2. **窗户把手**（主要类型有中位把手、低位把手，把手高度应便于操作）

☐ 3. **新风系统窗**（不开窗，也能自动换气）

☐ 4. **防霾窗**（隔声、隔尘、防雾霾）

☐ 5. **系统窗**（密封性能好，节能环保）

☐ 6. **安全护角**（内开窗防磕碰护角）

☐ 7. **安全链**（限制开启角度，保障居家安全）

☐ 8. **智能自闭器**（感应到异常就会自动关闭）

☐ 9. **窗纱**（考虑是否易拆卸，比如磁吸窗纱、推拉窗纱；注意安全性，可考虑金刚网，防止儿童和宠物因攀爬而造成坠落风险）

☐ 10. **窗户颜色**（要与户外环境及室内颜色协调）

窗户类型及常见问题

1. 窗户的常见类型

窗户的常见类型

类型	特点
内平开窗	①密封性、通风性好，便于开启，便于擦洗清洁; ②内平开窗扇占用室内空间，开启易与邻近各部品冲突; ③在窗边活动，易磕碰到人（若180° 开启，可减少与开启扇磕碰问题）
外平开窗	①密封性、隔声性、通风性好，不便于擦洗清洁； ②开启不占用室内空间，不影响窗帘使用，需与窗纱联动，开启相对烦琐，外平开窗曲臂较危险，不利于操作
内开内倒	①内倒成斜角，有助于挡雨（防溅雨）和防尘; ②可以导风向，进行微通风，避免风直吹身体; ③开启方式灵活，不会磕碰，但开启烦琐，容易造成操作困扰
推拉平移 + 内倒窗	①开启不占用室内空间，不影响窗帘使用; ②静音滑轨，自带挤压式密封功能，确保隔声性; ③配置专用滑轨，对安装工艺、型材及构件要求较高
外开上悬窗	①开启不占用室内空间，不影响窗帘使用，不磕碰人; ②开启角度较小，可挡风，通风换气量较小，通风效率较低； ③容易积灰，不易擦洗清洁; ④需合规，侧重安全防护，做好抗风压及防坠落措施
磁控百叶窗	①整洁干净，内置窗帘或无须外装窗帘，不会藏污纳垢，便于清洁; ②透光，可根据需求灵活调节百叶角度，有利于保护隐私； ③方便快捷，可电动控制，更智能
全景自由折叠窗	①开启后视野开阔，通风、透气性良好; ②推拉折叠窗的窗框数量多，影响美观度
多功能防霾窗	①过滤雾霾，防尘、隔声; ②可导风向，避免直吹

2. 窗户的 3 个常见共性问题

（1）窗扇铰链是否磕碰墙体？

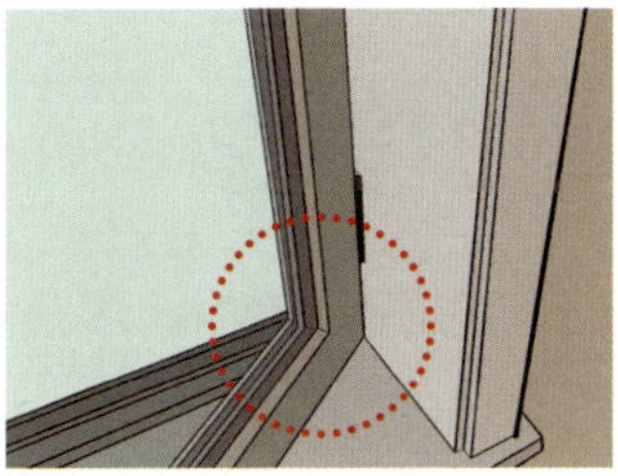

窗户开扇与墙的距离太近，如果窗洞贴砖或做套口，则铰链会被掩盖住，导致窗扇无法正常开启（特别是内倒窗），这时可把明装铰链改为隐藏铰链，或者调整窗扇的开启方向，避免磕碰问题。

（2）窗户外窗台是否做水流导坡？

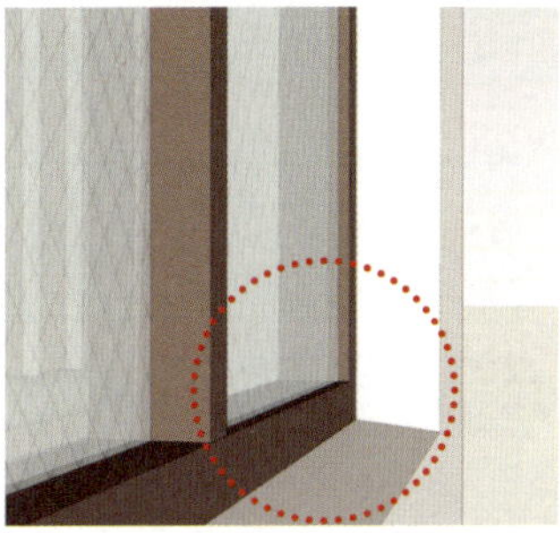

窗台做导水斜坡可避免积水潮湿和滋生细菌。

（3）窗扇开启时是否与窗帘、窗帘盒、安全护栏冲突？

判断窗帘、窗帘盒形式及位置，避免其与开启扇冲突。

判断窗扇的高度和开启方式，避免开启扇与安全护栏冲突。

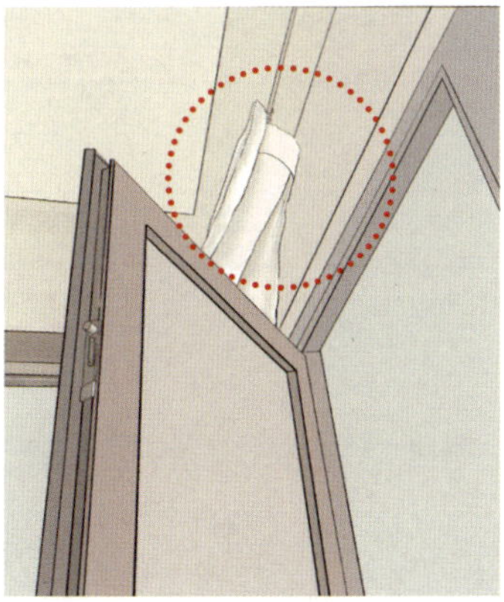

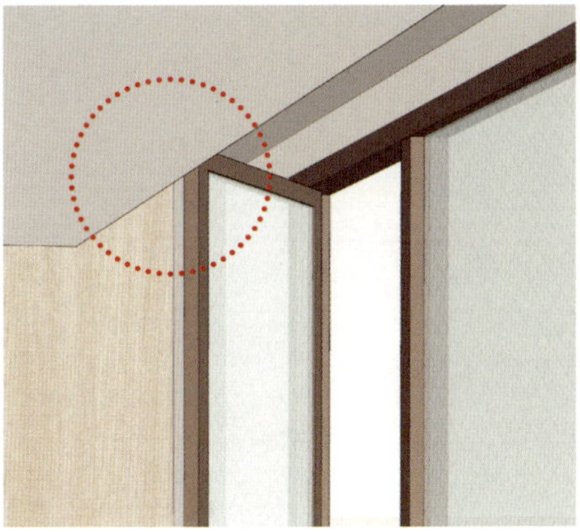

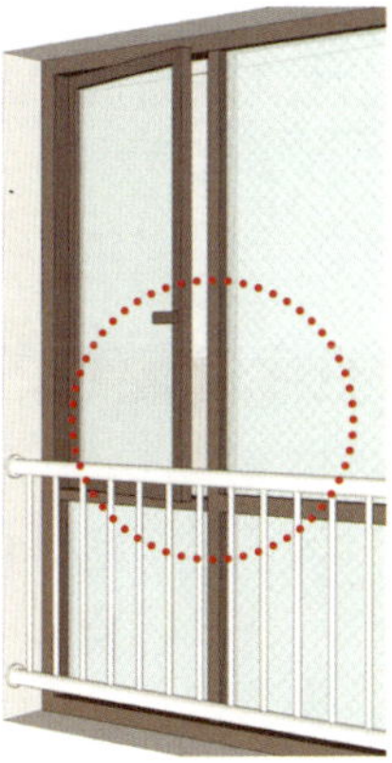

卫生间窗户常见问题及设计注意点

常见问题

☐ 1. **与吊顶冲突**：注意卫生间管线与窗洞尺寸关系，避免窗扇开启时与装修完成面冲突。

☐ 2. **与洞口完成面冲突**：窗户铰链与窗洞贴砖衔接冲突，长时间开启易使墙砖松动脱落。

☐ 3. **与邻近花洒冲突**：预判内开窗扇的高度和开启方向，避免其与花洒冲突。

☐ 4. **与窗帘冲突**：选择合适的窗帘形式及安装位置，避免其与开启扇冲突。

设计注意点

☐ 1. **设置固定扇**：窗户底部宜设置固定扇，这样可在窗台上放置洗漱用品。

☐ 2. **不宜仅使用内平开窗**：内平开窗会占用室内空间，且易与花洒冲突，此外窗角也容易磕碰到人。

☐ 3. **考虑窗帘类型**：选择合适的窗帘类型及安装位置，避免其与开启扇冲突。

☐ 4. **五金匹配合理**：窗扇铰链是否与邻近的墙砖冲突，窗户铰链宜选暗藏类型的。

☐ 5. **设置纱窗防护网**：安全锁扣要便于拆卸，可用于防蚊虫、防坠落。

卫生间窗户的 8 个常见问题

（1）卫生间窗台是否做水流导坡？

淋浴区窗台宜做微坡，以避免积水潮湿，滋生细菌。

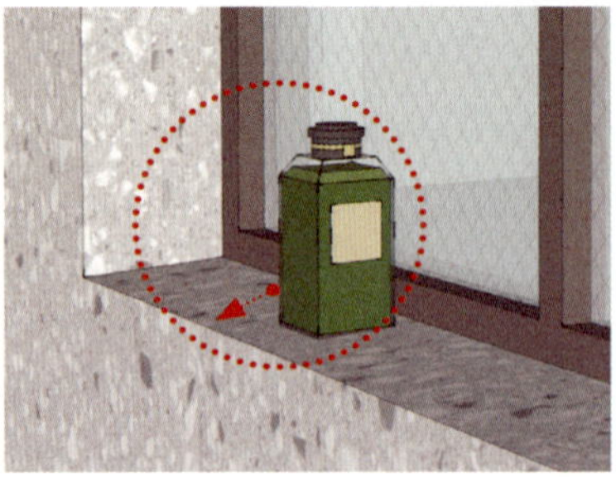

（2）卫生间窗户是否被浴缸遮挡？

隔着浴缸开关窗户比较麻烦，可配置电控开窗器辅助开关窗。

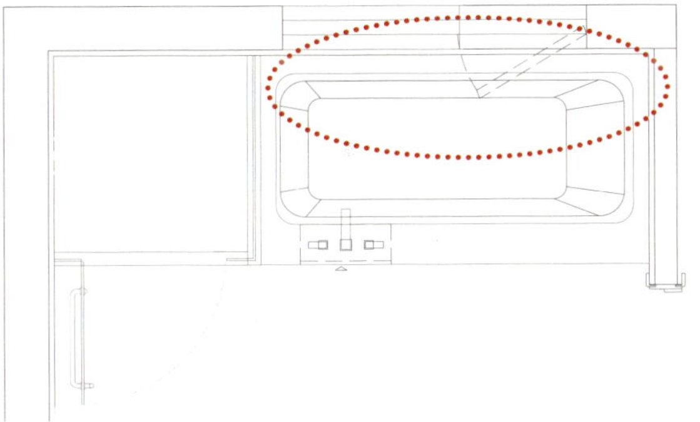

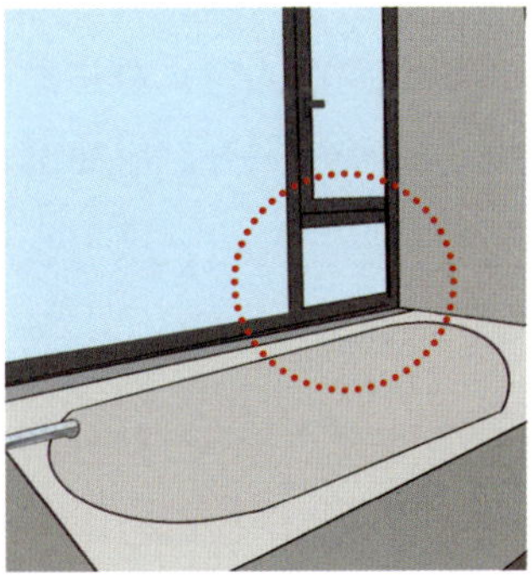

（3）卫生间窗扇高度及开扇方向是否与邻近部品冲突？

内开启窗扇易与淋浴花洒冲突，需考虑避让。

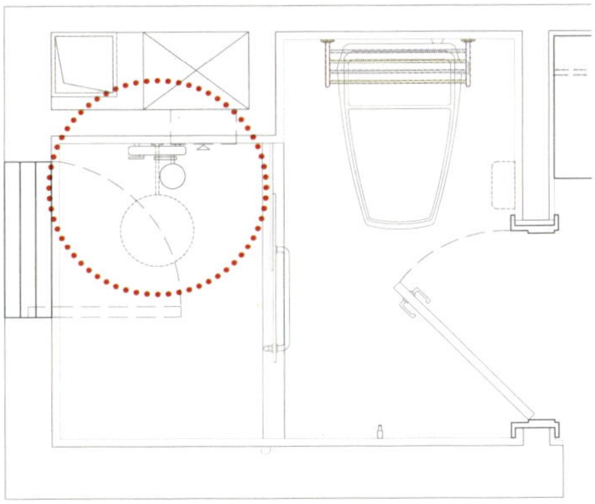

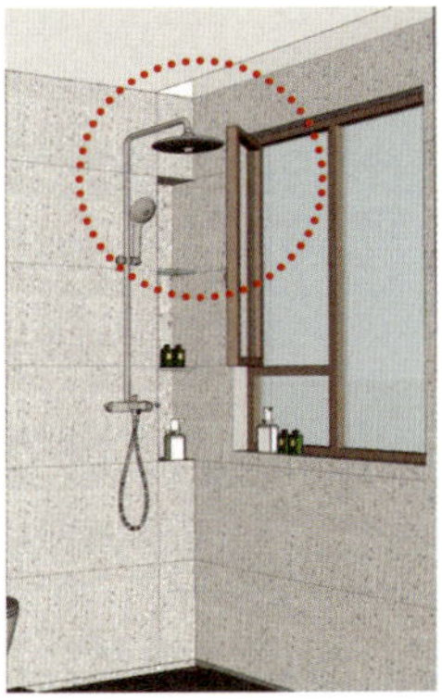

（4）卫生间窗户底部是否预留了固定扇？

窗户下部宜设置固定扇，这样便于在窗台上放置洗漱用品。

（5）卫生间窗户是否与窗帘、吊顶冲突？

注意卫生间窗户的开启方式，避免开窗时窗扇与窗帘冲突。卫生间管道较多，注意卫生间窗户开启扇高度，避免其与吊顶完成面冲突。

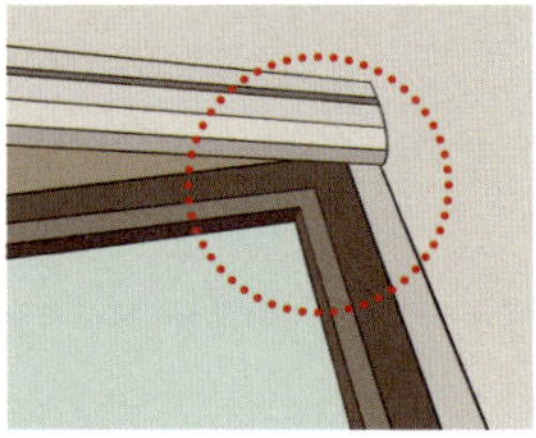

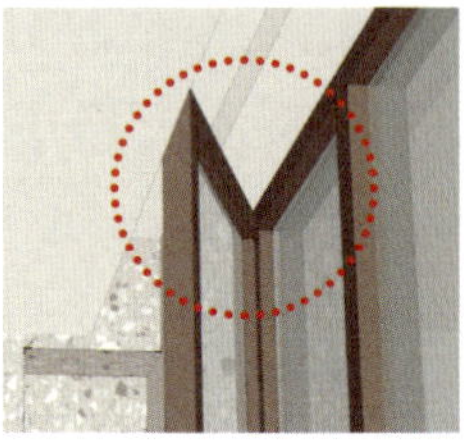

（6）卫生间窗户是否与坐便器冲突？

坐便器邻近窗户布置时，需考虑窗扇选型，内平开方式窗户的开启扇容易与邻近部品产生磕碰，内倒窗、外开窗等可避免冲突。

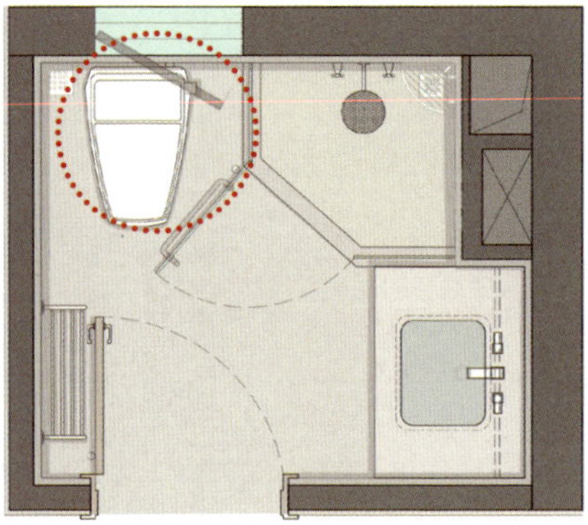

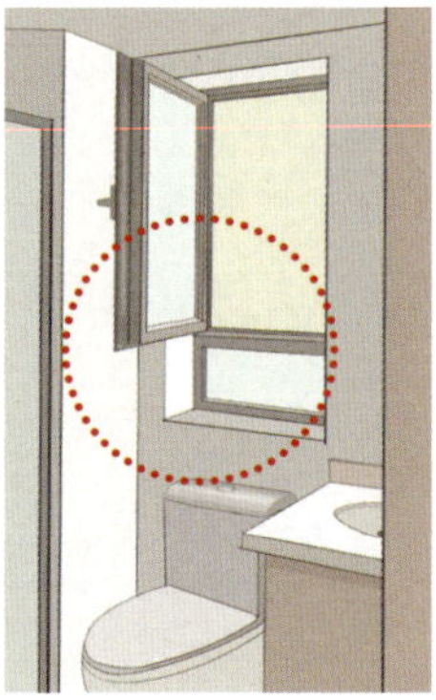

（7）卫生间窗户是否与淋浴隔断冲突？

注意窗户和淋浴隔断的位置，避免开启扇被淋浴隔断遮挡，影响窗扇开启。

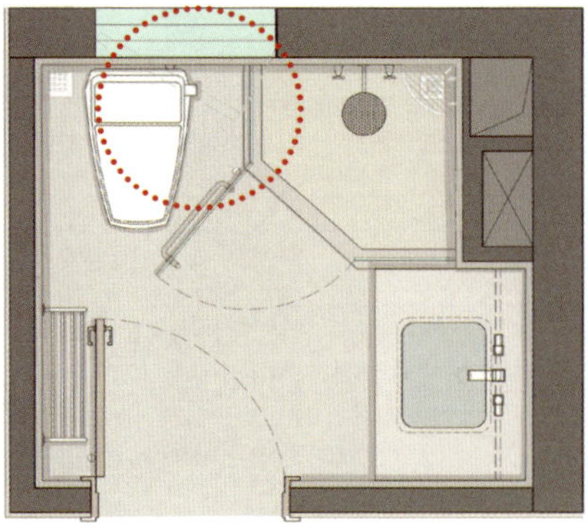

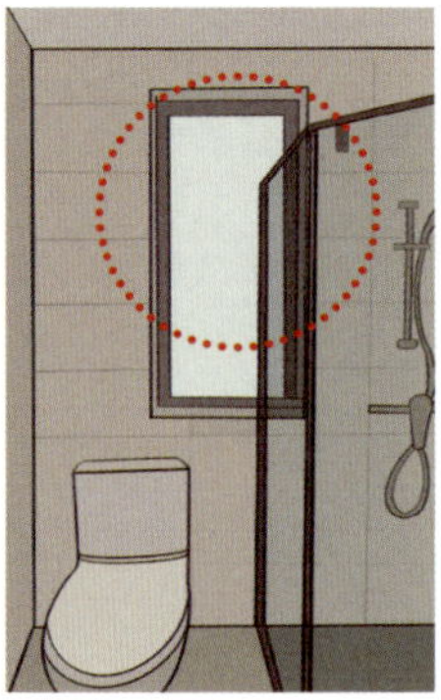

（8）卫生间窗户是否与电热水器冲突?

判断电热水器位置及规格，避免窗扇开启时与其碰撞冲突。

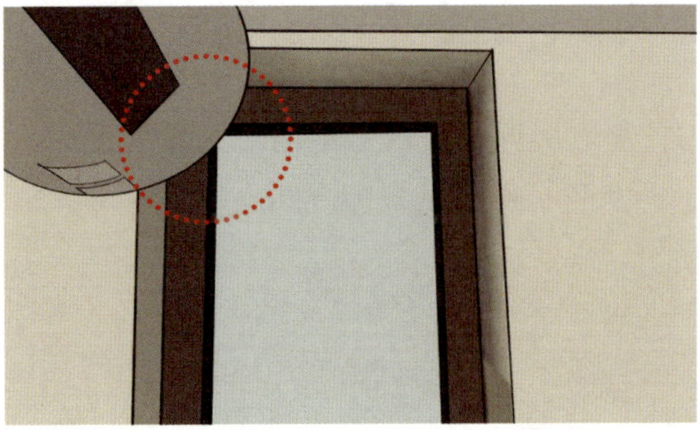

厨房窗户常见问题及设计注意点

常见问题

☐ 1. **与吊顶冲突：** 预判厨房管线与窗洞的关联，避免窗户开启扇与吊顶完成面冲突。

☐ 2. **与窗洞口完成面冲突：** 窗户铰链与窗洞贴砖冲突，长时间开启易使墙砖松动。

☐ 3. **与邻近水盆水龙头冲突：** 选择内开窗时注意开启扇高度，避免其与水龙头冲突 。

☐ 4. **与窗帘冲突：** 选择合适的窗帘形式及安装位置，避免其与开启扇冲突。

设计注意点

☐ 1. **底部设固定扇：** 窗户底部宜设置固定扇，以便在窗台上放置物品。

☐ 2. **不宜设置外开窗：** 隔着操作台，超出合理距离，很难够到窗户把手，难以开关窗。

☐ 3. **内平开窗不宜过大：** 避免开启后碰头及影响台面操作。

☐ 4. **注意把手高度：** 厨房窗户的把手位置关乎开窗的便利性，不宜设置得过高。

☐ 5. **匹配合适的五金：** 选择合适的窗扇铰链类型，有明装铰链、暗藏铰链、180° 铰链等，避免开启扇与邻近墙面或部品磕碰。

☐ 6. **设置纱窗防护网：** 厨房油污较多，纱窗应便于拆卸清洁，可设置纱窗防护网，安全锁扣要便于拆卸清洗，可防蚊虫、防坠落。

厨房窗户的 8 个常见问题

（1）厨房窗户是否与水槽龙头冲突？

避免厨房内平开窗开启扇与水槽龙头冲突。

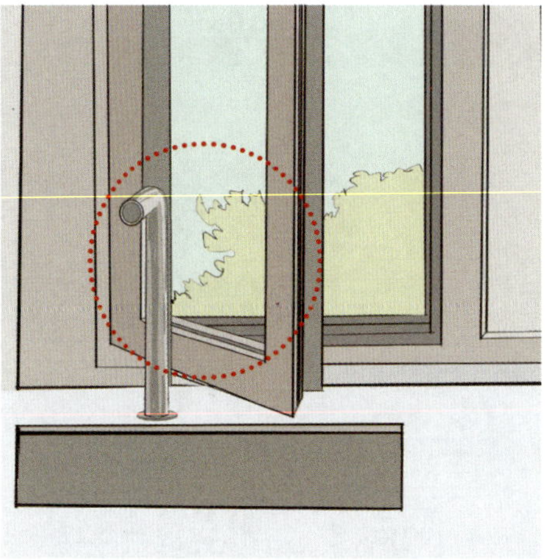

（2）厨房窗户是否与窗帘冲突？

选择合适的厨房窗户开启方式，避免开窗与窗帘冲突。

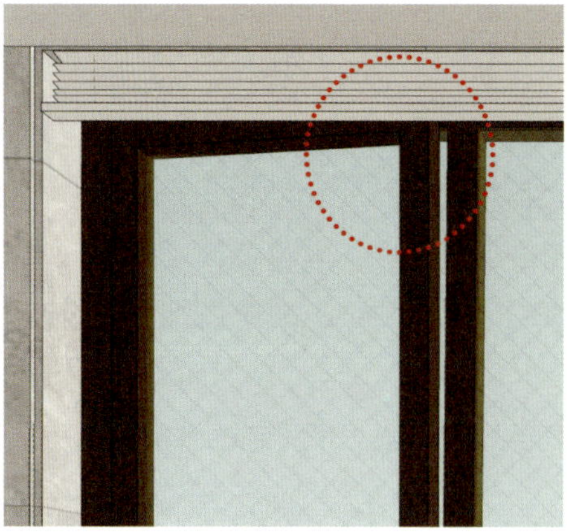

（3）厨房窗户是否与燃气热水器冲突？

避免厨房内平开窗开启扇与燃气热水器冲突。

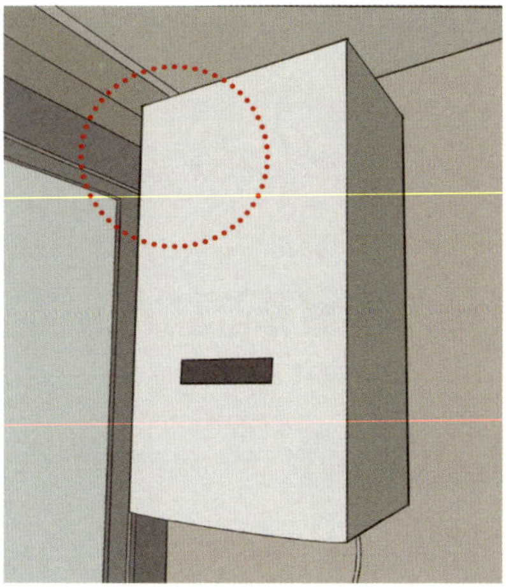

（4）厨房窗户开启扇是否与吊顶冲突？

厨房管道较多，注意厨房窗户开启扇的高度，避免其与吊顶完成面冲突。

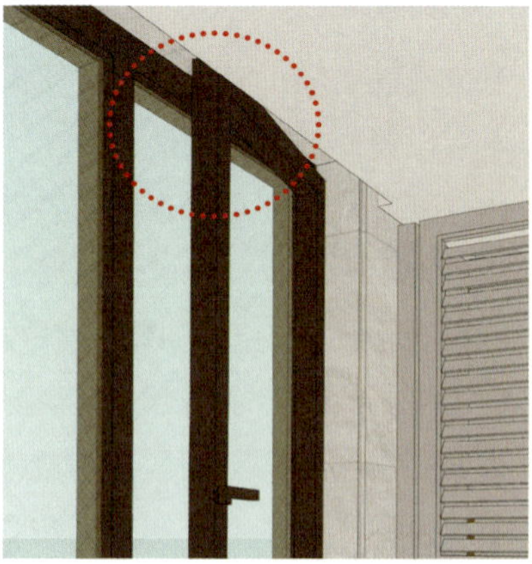

（5）厨房窗户开启扇是否与吊柜冲突？

预留合理的窗户墙垛宽度，选择合适的扇窗开启方式，避免吊柜挡光及与窗扇磕碰冲突。

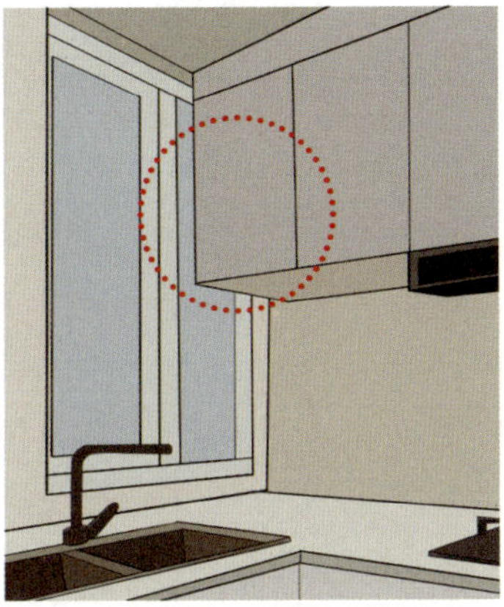

（6）厨房窗户是否便于开关？

设计需合理，若隔着操作台面且把手太高或超出正常距离，则不便开关窗。

选择合适的窗户开启方式，比如外平开窗隔着操作台面的话，就难以开关窗。

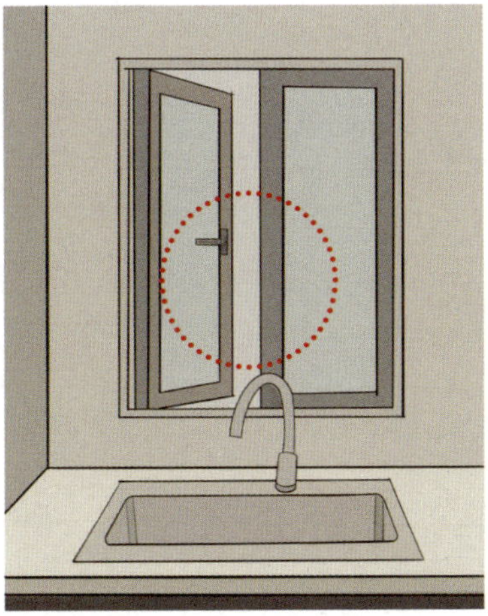

（7）窗扇轴与洞口完成面是否冲突？

窗扇明装铰链与窗洞口太近，通常会与装饰面、窗套冲突，建议改为隐形铰链，或改变窗扇的开启方向。

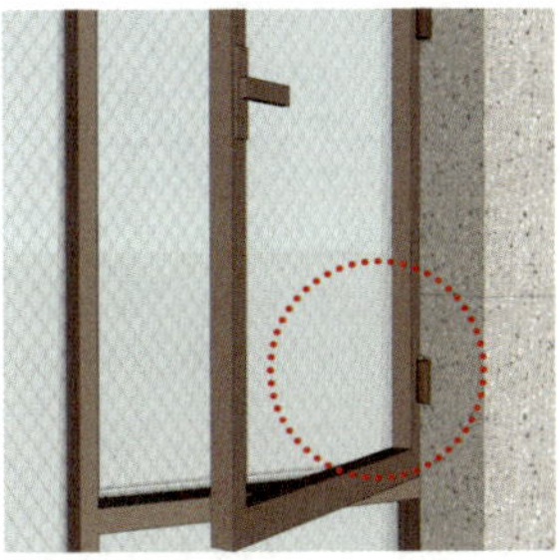

（8）窗扇的开启是否影响台面的使用？

选择合适的窗扇开启方向及方式，如下图所示，窗扇 90° 开启时，会影响从水槽 a 至操作台 b 的使用连贯性。

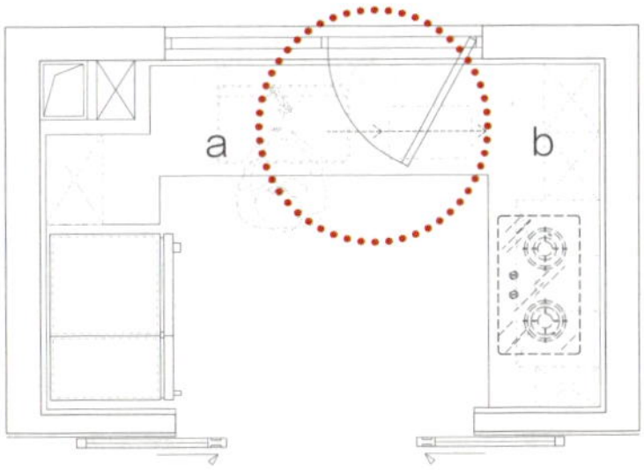

厨房内平开宽窗，窗扇可考虑 180° 开启，尽量避免 90° 开启，以免影响操作台使用的连贯性。

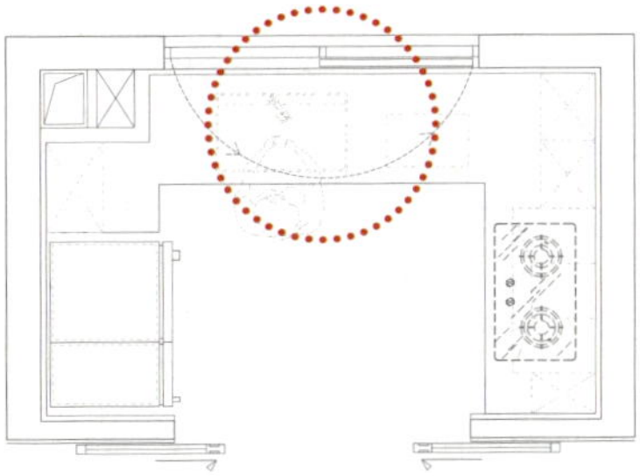

4

全屋智能设计、照明设计及其他精细化设计

4.1 全屋智能设计

智能化常见问题及功能需求

常见问题

□ 1. **兼容问题：** 不同品牌、协议的智能设备难以兼容，用户需购买特定品牌或型号的智能设备，选择范围有限。

□ 2. **集成度不够：** 智能家居系统中的各种设备目前集成度不够，面板排布不美观。

□ 3. **健康检测做不到常态化：** 智能家居设备还不能实时关注家庭成员的健康状况和提供健康检测及管理。

□ 4. **智能家电互联不足：** 智能家居设备互联不足，无法实现无缝连接，家居系统的智能化水平有待提高。

□ 5. **个性化智能定制服务尚待提高：** 不能根据用户的喜好和需求，定制智能家居解决方案，家电还不能互联互通，生活的便捷性有待提高。

□ 6. **未实现环境智能调节：** 智能家居还不能根据室内外环境自动调节家居设备的运行状态，比如温度、湿度等。

小贴士

智能家居系统应根据业主的需求进行设置，判断智能化产品参数及系统配置类别，避免因选择不当，造成不必要的拆改、返工等。

常见功能需求清单

- □ 1. **智慧屏控制系统：** 语音控制，智能联动。
- □ 2. **智能家居安全系统：** 实施水浸监测、燃气泄漏报警，确保消防安全。
- □ 3. **智能环境监测系统：** 空调、新风系统、地暖等，智慧联动，健康舒心。
- □ 4. **智能窗户控制系统：** 联动传感监测，开合随心掌控。
- □ 5. **智能安防监控系统：** 包括门禁、报警器、安防监控设备等，提供安全感。
- □ 6. **智能影音控制系统：** 手机 APP 远程控制，智能语音交互。
- □ 7. **智能家电控制系统：** 智能窗帘、电器等联动，可远程控制。
- □ 8. **智能灯光照明系统：** 自动监测， 匹配场景，自由调节光照氛围。

全屋智能设计常备产品

空间	智能产品
外玄关（私厅）	①智能可视门锁； ②智能猫眼； ③智能门铃； ④智能可视对讲（变声远程观测）； ⑤智能安防（监控）； ⑥智能照明（感应识别）； ⑦驱蚊灯（物理驱蚊）
玄关	①智能开关（回家、离家模式）； ②路由器、智能网关（蓝牙、Wi - Fi）； ③智能夜灯照明（开门亮灯）； ④智能扫地机器人； ⑤智慧中控屏（可视化操作界面）； ⑥智能插座
客厅	①智能调光系统； ②智能电动沙发； ③智能空气检测系统； ④智能电视机、投影幕布； ⑤智能安防（监控）

续表

空间	智能产品
厨房	①智能水浸传感器; ②智能水浸自闭阀; ③动态传感照明（无线开关）; ④智能水龙头; ⑤智能燃气报警器; ⑥智能燃气自闭阀; ⑦智能烟雾报警器; ⑧智能感应灯插座
卫生间	①智能魔镜（浴室镜柜）; ②智能暖风机（语音开启）; ③智能坐便器（智能坐便器盖）; ④智能毛巾加热杆、浴巾架; ⑤智能防水窗帘（遥控或语音控制）; ⑥智能洗衣机、微洗机; ⑦智能水浸传感器
卧室	①智能衣柜消毒器（除菌、防霉）; ②智能床头柜（蓝牙音箱、无线充电器、指纹抽屉）; ③智能电动床; ④智能小夜灯
生活阳台	①智能晾衣架; ②智能扫地机器人; ③智能洗衣机、微洗机
其他	①全屋空气智联系统; ②红外幕帘探测器; ③无线开关; ④智能音乐系统; ⑤无感体征监测（智能体征监测）; ⑥智能电动窗（语音控制、手机 APP 控制）; ⑦智能开窗器（语音控制、远程控制）; ⑧智能窗帘（开合帘、遮阳帘、升降帘）; ⑨紧急救助、AI 语音智能紧急呼叫系统

全屋智能精细化设计解析

智能地暖控制

语音控制，智能场景联动

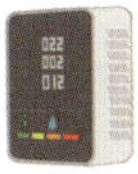

环境监测传感器

探测 $PM_{2.5}$ 浓度、温度、湿度、甲醛浓度等

智能升降插座、无线充电插座

触摸控制，随放随充，自动断电

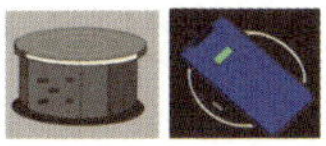

智能猫眼、智能门铃

手机远程识别，可视通话，语音对讲

智能水浸传感器

手机报警，远程查看，实时监测家中意外浸水情况，联动水阀自动关水

智能水表

水流动态监测，远程管理

智能温湿度传感器

手机智能控制，温湿度异常提醒，场景联动，根据天气自动开启或关闭空调

智能电动窗

风雨感应，自动关闭，可远程控制

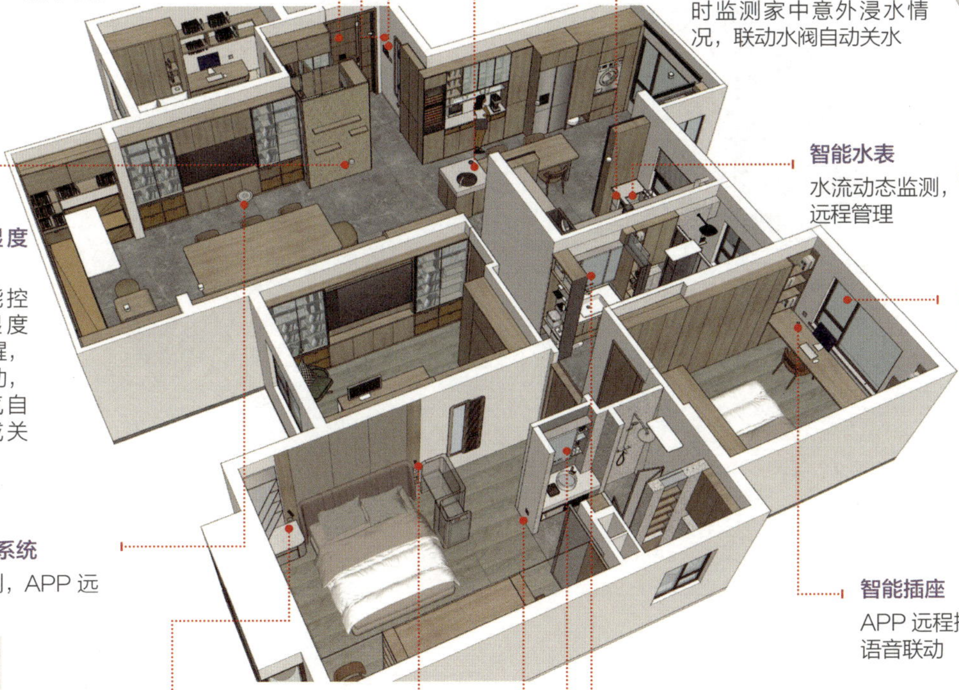

智能音乐系统

语音控制，APP 远程遥控

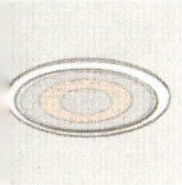

智能插座

APP 远程操作，语音联动

智能紧急呼叫系统

语音通话，紧急求助

智能魔镜

智能人体感应、触控，具备时间显示、智能除雾功能

智能调光系统

随心调节灯光亮度，可满足不同时段的用光需求

智能小夜灯

智能人体感应脚灯，人来灯亮，人走灯灭

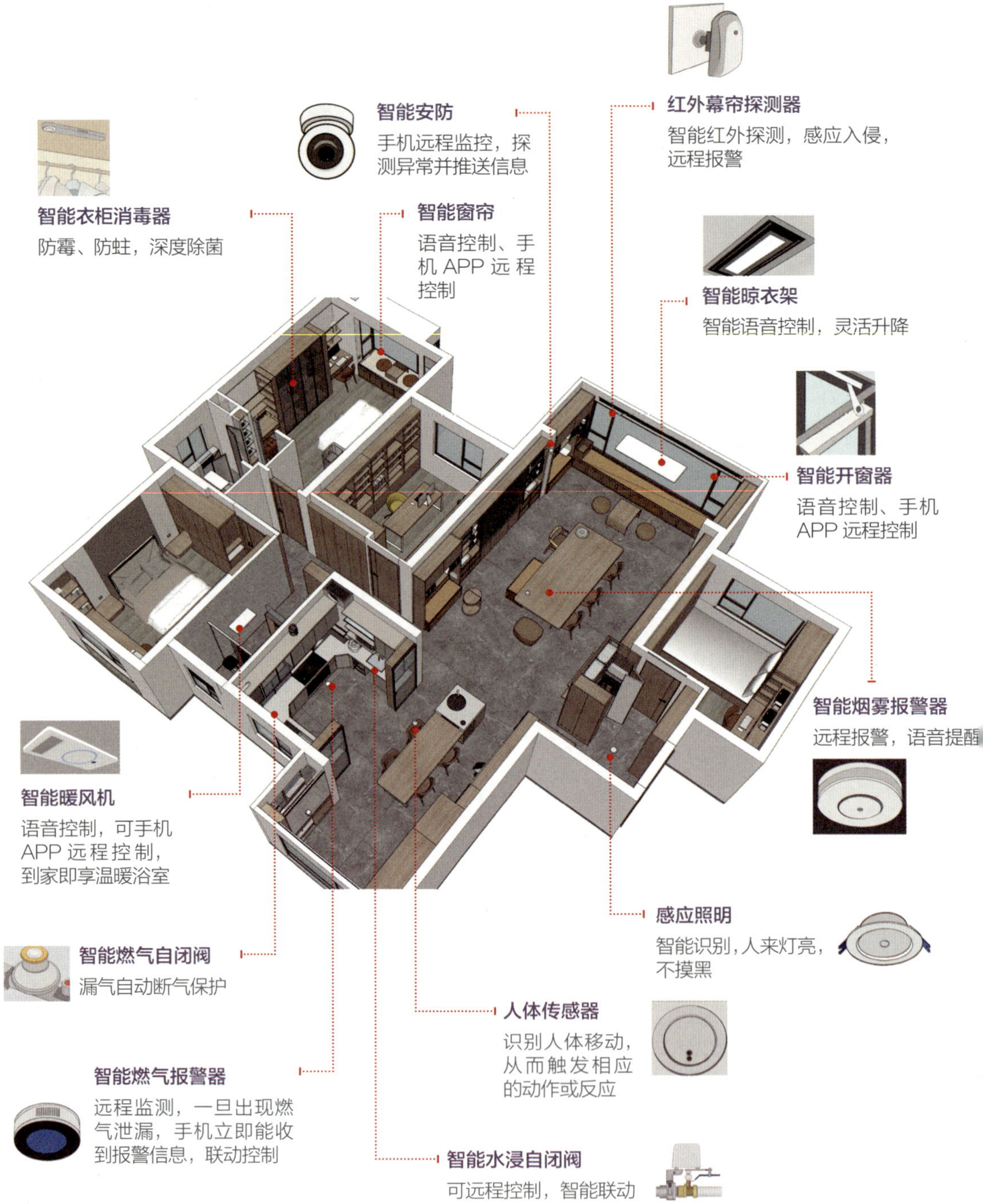

智能安防
手机远程监控，探测异常并推送信息
红外幕帘探测器
智能红外探测，感应入侵，远程报警
智能衣柜消毒器
防霉、防蛀，深度除菌
智能窗帘
语音控制、手机 APP 远程控制
智能晾衣架
智能语音控制，灵活升降
智能开窗器
语音控制、手机 APP 远程控制
智能烟雾报警器
远程报警，语音提醒
智能暖风机
语音控制，可手机 APP 远程控制，到家即享温暖浴室
感应照明
智能识别，人来灯亮，不摸黑
智能燃气自闭阀
漏气自动断气保护
人体传感器
识别人体移动，从而触发相应的动作或反应
智能燃气报警器
远程监测，一旦出现燃气泄漏，手机立即能收到报警信息，联动控制
智能水浸自闭阀
可远程控制，智能联动

4.2 照明设计

■ 照明设计常见问题及需求清单

常见问题

□ **1. 眩光：**比如床头射灯产生眩光，射灯距离墙面太近时，易形成局部曝光点；比如浴缸头部不宜设置直射灯，易造成眩光，引起眼睛不适。建议开孔安装前进行定位测试，射灯距墙体通常为 30 cm 左右。

□ **2. 反射：**注意邻近光源的材料，比如厨房台面、玄关柜中部台面、镜面材料等，灯具尽量不要直射镜面材料，避免产生反射光。

□ **3. 摸黑：**未考虑配置小夜灯。

□ **4. 切光：**判断灯带安装角度及遮光板是否挡光，以免影响光线均匀漫射。考虑射灯与边缘吊顶的切光问题，比如周边叠级吊顶易遮挡射灯光线，产生切光。考虑轨道灯与边缘吊顶的距离，避免太近，遮挡光线，产生切光。

□ **5. 交叉光：**比如点、线、面不同光源无序布置，产生光斑交叉，造成光影混乱现象。

□ **6. 环境光：**判断灯槽内的饰面颜色（匹配色温），避免灯光照射，产生环境光。

□ **7. 背光：**判断光线是否被遮挡，比如厨房台面、卫生间洗手台，容易背光产生暗影。

常见功能需求清单

□ 1. **整体照明需求：** 确保空间明亮，比如餐厅吊灯要足够明亮，以营造用餐氛围。

□ 2. **局部照明需求：** 如射灯、轨道灯等装饰性照明，突出特定区域，制造焦点。

□ 3. **柔和光线需求：** 如暗藏灯带，隐藏式照明保持空间简洁。

□ 4. **调光功能需求：** 可调光调色，以适应不同场景。

□ 5. **智能控制需求：** 可智能控制或通过手扫识别技术等便捷操控灯光。

□ 6. **分区照明需求：** 在床头两侧安装夜读灯，保证局部亮度。

□ 7. **补光照明需求：** 满足厨房操作台的照明需求，确保操作安全。

□ 8. **洗面光需求：** 在卫生间安装镜前灯，方便化妆、洗漱。

□ 9. **小夜灯需求：** 在走廊、客厅、卧室、卫生间安装感应灯，方便夜间行走。

□ 10. **氛围灯需求：** 设置休闲灯、壁灯、落地灯、台灯等，突出空间层次感。

□ 11. **展示照明需求：** 比如壁橱展示照明，方便找取物品。

□ 12. **应急照明需求：** 应对突发情况。

□ 13. **防眩光需求：** 无频闪、无蓝光、防眩光等，保护视力。

□ 14. **动态感应需求：** 根据亮度自动识别，人来灯亮，人走灯灭。

□ 15. **定时开关需求：** 设置日常作息，智能提醒，培养良好的生活习惯。

□ 16. **节能环保需求：** 选用高效节能的灯具，降低能耗。

□ 17. **安全性需求：** 采用安全电压、防触电设计，确保使用安全。

□ 18. **场景切换需求：** 实现一键智能切换场景，比如观影、读书、冥想等模式。

□ 19. **远程遥控需求：** 可手机 APP 远程控制，方便快捷。

□ 20. **智能感应与自动化需求：** 根据居住环境和使用习惯，自动调整灯光亮度和色温。

灯具参数、选型及安装注意点

1. 灯具参数

（1）无频闪

拍照、拍视频无频闪现象，不刺眼。

（2）低蓝光

避免蓝光危害，健康的光源可以缓解视觉疲劳。

（3）防眩光

隐藏光源，见光不见灯。

（4）显色指数

显色指数越高，越能体现出物体的真实色彩。

（5）色温合理

灯光色温需考虑空间表面材质及家具颜色。

2. 灯具选型注意点

（1）同品牌同批次

同一空间宜选同品牌及同批次的产品，避免参数变化对照明效果产生影响。

（2）射灯无副光斑

光线分布均匀，自然柔和。

（3）角度调节

射灯适合做重点照明和洗墙照明，可根据家具及饰品的摆放位置，调整射灯角度。

（4）匹配系统

比如智能系统，应根据需求进行提前规划，产品需匹配智能化参数。

（5）使用调光开关

可降低能耗，满足不同时段和情景对亮度的需求；需提前规划，了解调光参数。

3. 灯具安装工艺及注意点

（1）避免与吊顶龙骨冲突

切断龙骨，会影响吊顶的稳定性，造成吊顶变形、产生裂缝等问题。设计时应整体规划定位，避免龙骨与开孔冲突，影响灯杯安装。

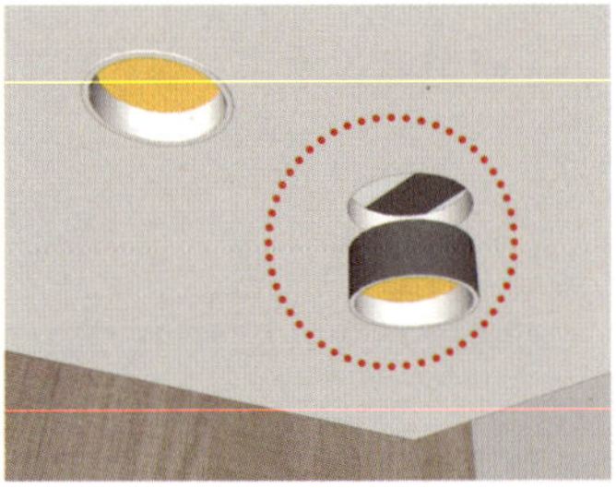

（2）确保灯带光线均匀

灯带设置有平直卡槽，要确保其水平定位，进而保证均匀出光。同时确保灯槽内部结构完好，平整度良好，以保证光线均匀无光斑。

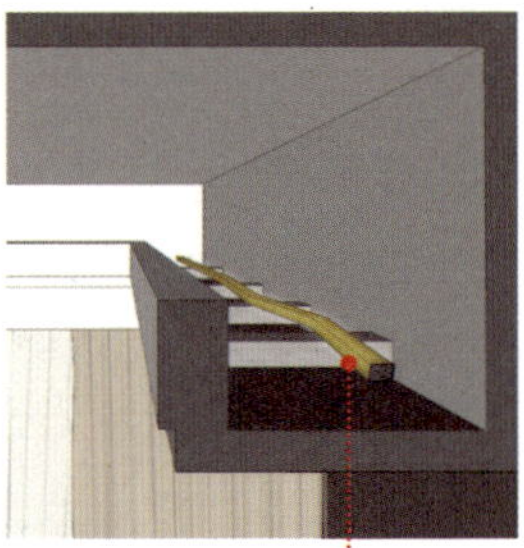

基层不平，灯带弯曲，出光不均匀

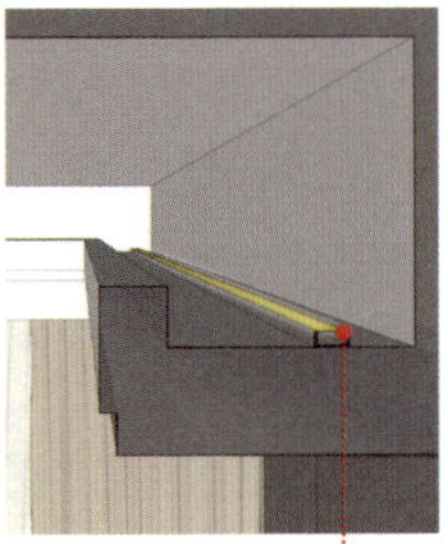

灯带平直，出光均匀

（3）避免开孔偏位

确保灯光对正，避免门洞口出现断光或无光现象。考虑墙角折光问题，查看灯具与转角墙之间的距离，灯具离墙角太近的话会出现折光现象，观感凌乱。

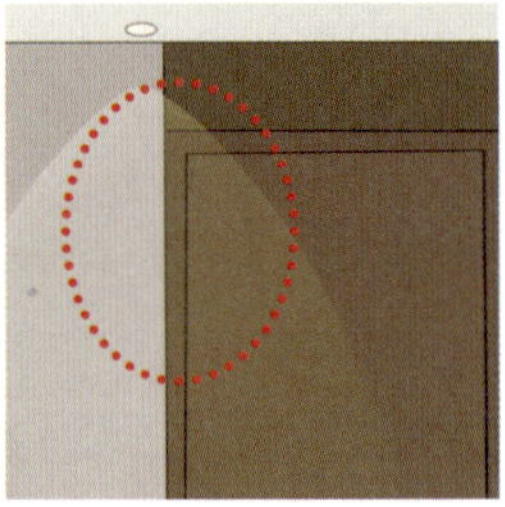

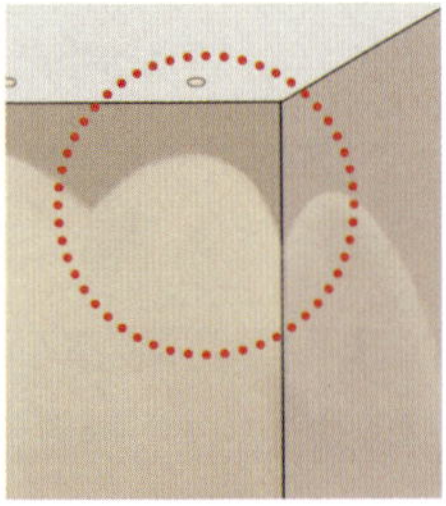

（4）合理暗藏变压器

柜体内的低压灯带需考虑变压器暗藏、漏电保护的设置，以及要便于检修。

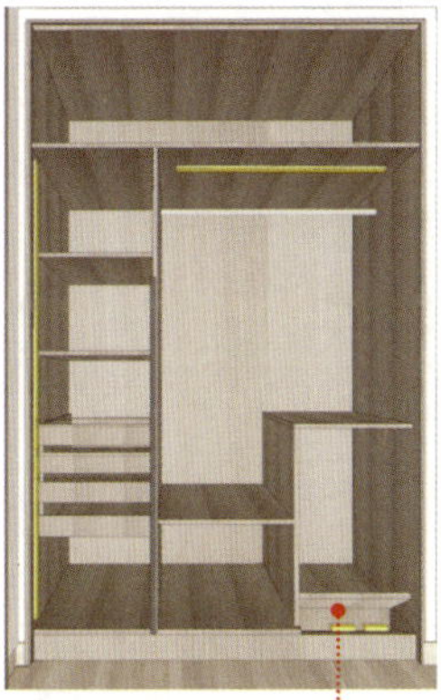

将变压器暗藏在柜底暗门内

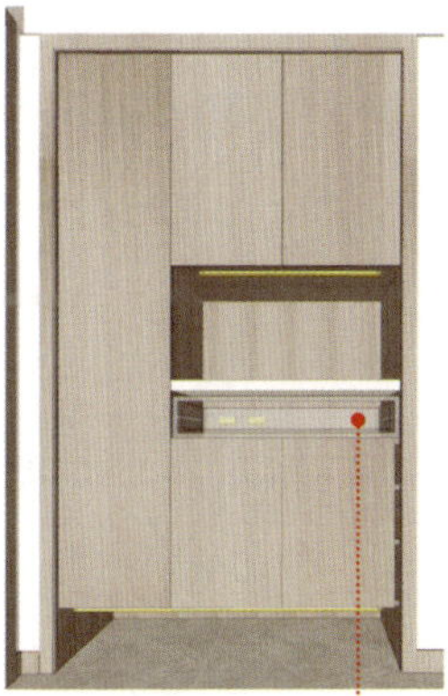

可将变压器暗藏在抽屉后面，方便检修

住宅空间照明精细化设计

1. 玄关

（1）灯条居中

在玄关柜层板外侧安装灯带，确保整体光照均匀。

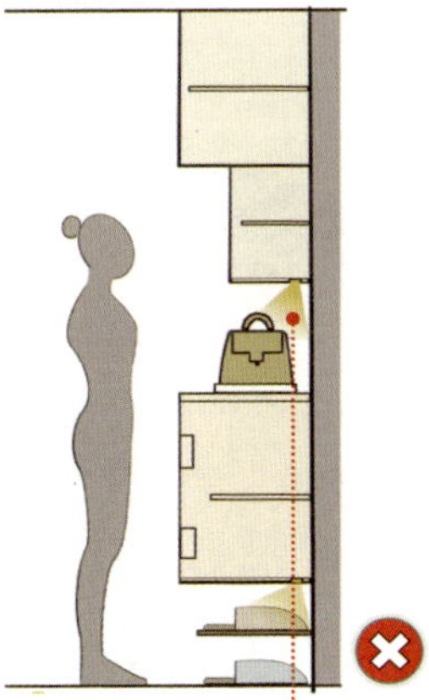

将灯带安装在层板内侧，光线易被遮挡，不好寻找物品

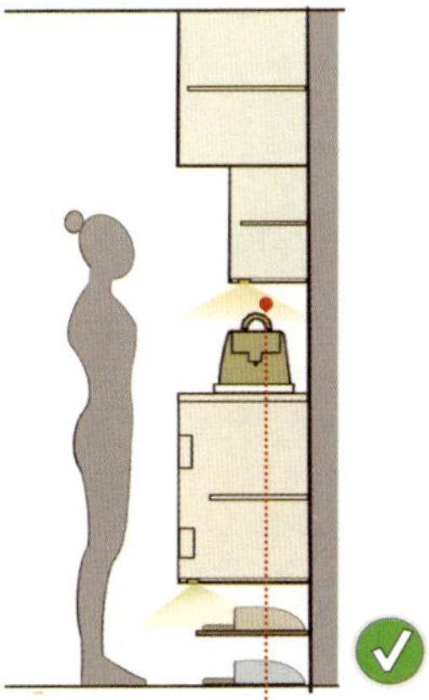

将灯带安装在层板外侧，光线不会被遮挡，方便找寻物品

（2）避免出现眩光

暗藏光源，见光不见灯，不刺眼，无眩光。

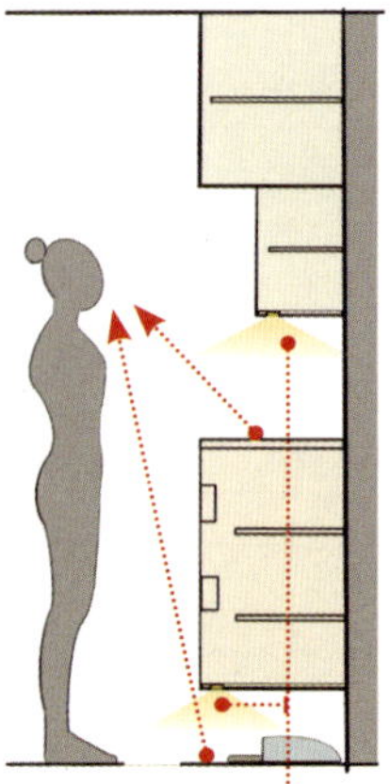

台面、地面使用亮面材料时，使用下照灯会因光反射造成眩光问题

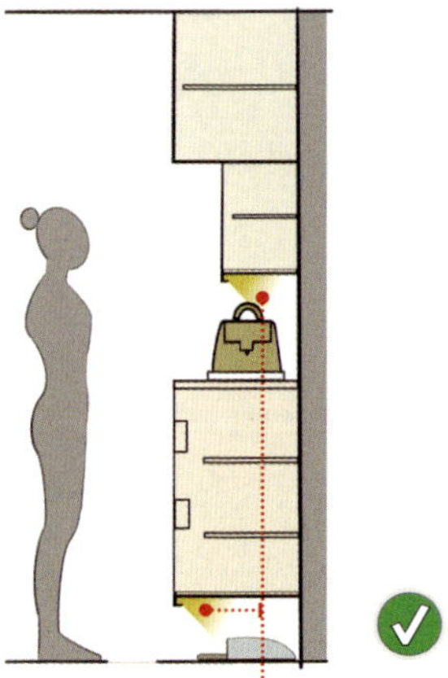

在玄关柜层板外侧安装斜 45° 角灯带，侧出光，光照均匀

（3）设置感应照明

设置感应开关，灯光自动开关，节能，取放物品不摸黑。

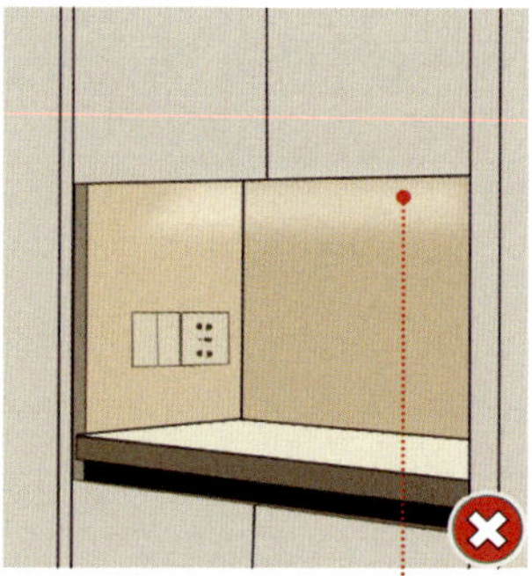

翘板开关，如果忘记关灯，会浪费电

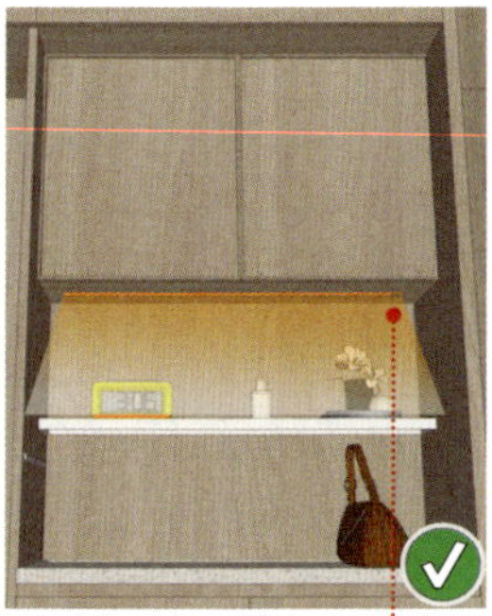

手扫感应开关，随用随亮，延时缓灭

（4）避免光线被遮挡

将衣柜灯带安装在层板外侧处，确保光照均匀，无遮挡，方便寻找物品。

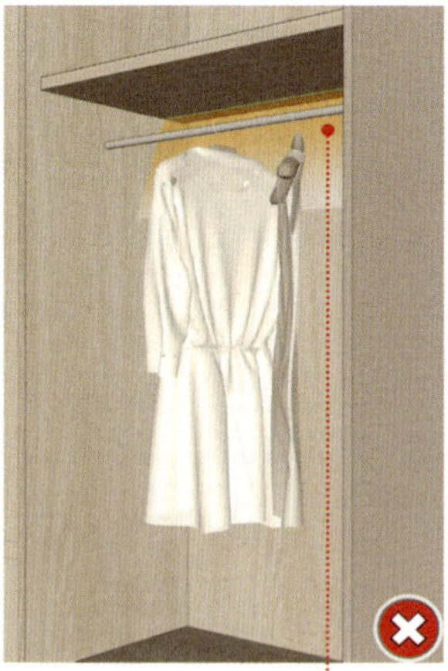

将灯带安装在层板内侧，光线易被遮挡

将灯带安装在层板外侧，光线不会被遮挡，光照均匀

2. 卧室

（1）避免直射

床头正上方不宜设置直射灯，易造成眩光。

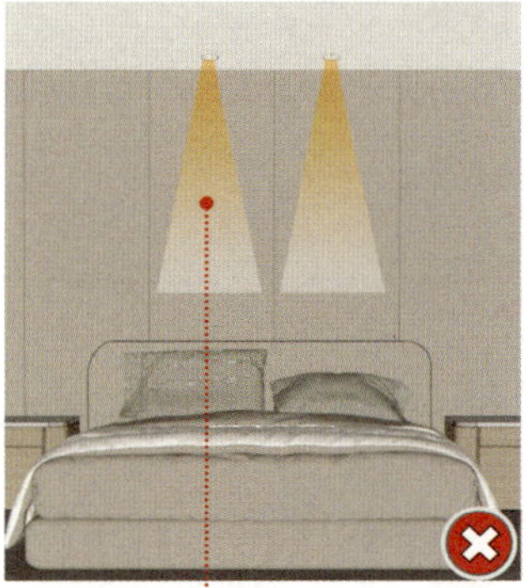

聚光射灯，躺在床上光线刺眼，易形成眩光

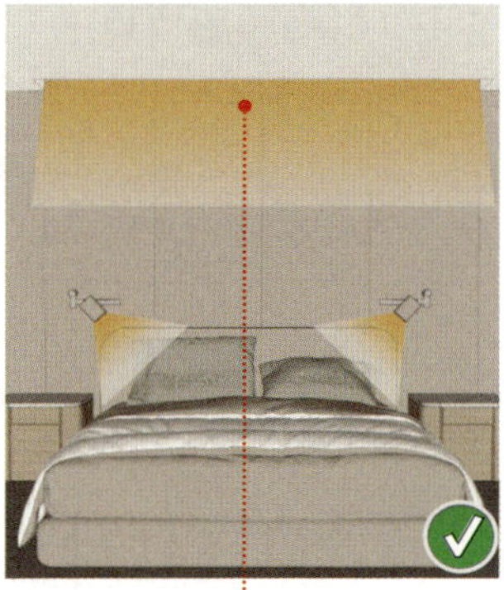

摇臂床头灯既是阅读灯，也可用做写字灯，在床头上方暗藏灯带，漫射出光，光线柔和不刺眼

（2）不设置吊灯，可采用分区照明

床中央不宜安置吊灯，床头可设置摇臂夜读灯，梳妆台、写字台采用局部照明，以满足不同区域的用光需求。卧室灯光宜色温柔和，确保舒适度。

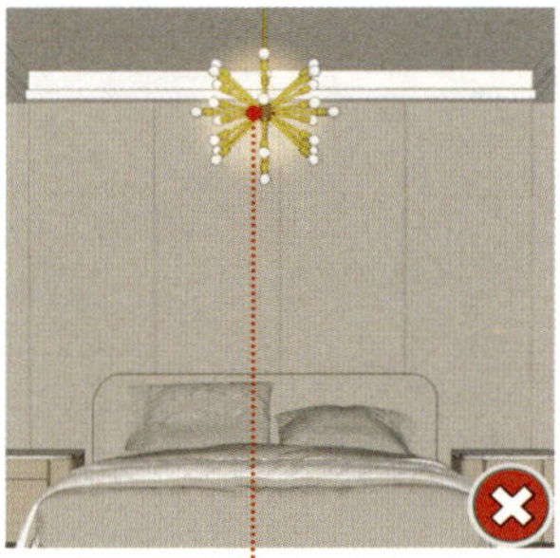

床上方吊灯给人以压迫感，且易落灰，不易清洁

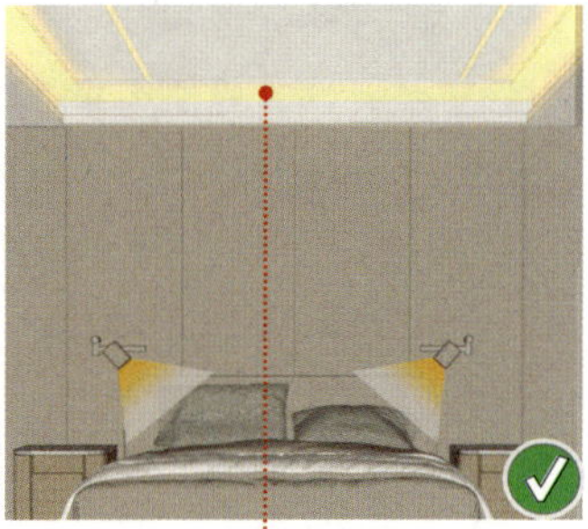

可设置暗藏灯带，以确保整体照明的舒适度

（3）设置感应夜灯和衣柜感应灯

设置感应夜灯，方便起夜，避免摸黑；在衣柜内部设置行程感应开关，开门自动亮灯。

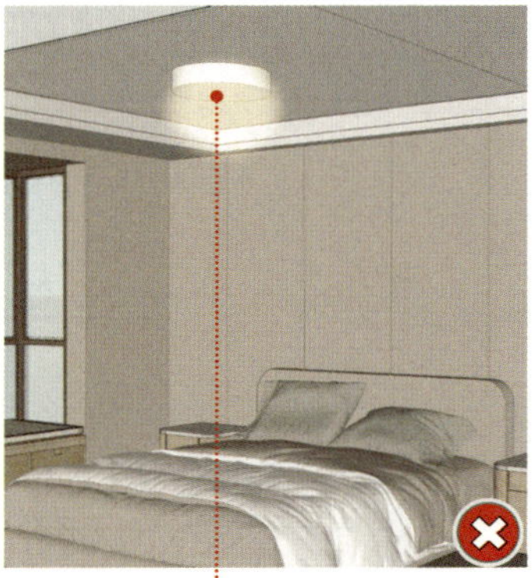

缺少辅助光源，起夜时主灯过亮，刺激眼睛

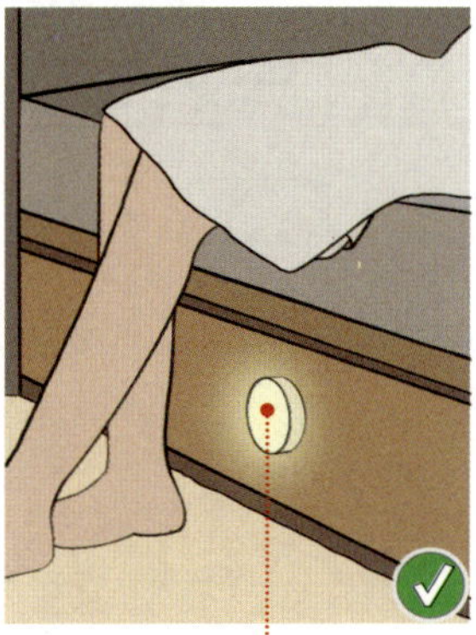

延时感应小夜灯，光线柔和不刺眼

3. 厨房

（1）厨房照明要点

补充照明：在操作台吊柜上方安装照明灯具，避免遮光产生暗影。

基础照明：确保厨房整体亮度。

（2）厨房感应照明

注意吊柜下灯具类型及安装方式，宜采用无反射灯珠，因为台面光滑，会反射灯光，易造成眩光。

在吊柜下设置手扫感应开关，避免在手湿水状态下开关灯带来触电风险。

在柜体内设置行程开关，见光不见灯，避免出现眩光。

（3）厨房补光照明

聚光射灯下易产生暗影，进而导致看不清台面，可在操作台上方的吊柜底部安装手扫感应灯补充照明。

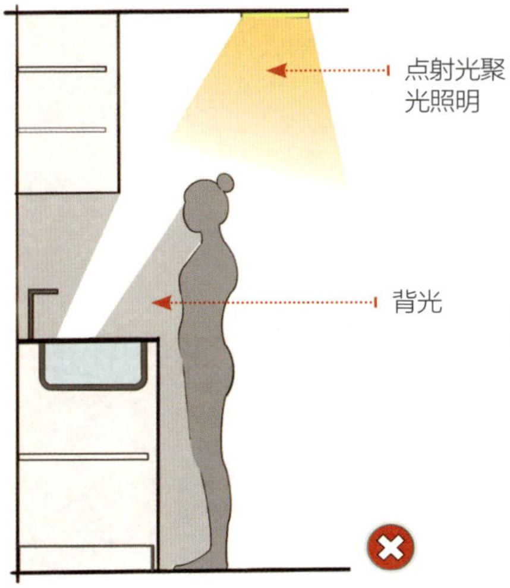

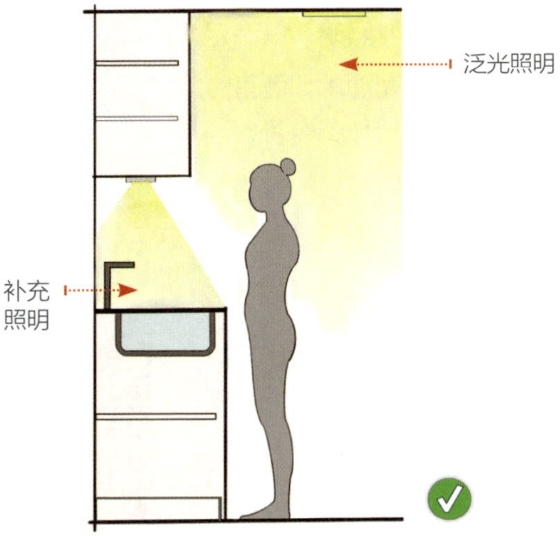

4. 卫生间

镜前灯设置：镜前灯最好是平行洗面光，避免产生光照阴影区。

注意灯具的防水性能：卫生间灯具应具备防水、防潮功能，确保使用安全。

设置小夜灯：在低位处设置夜间柔光感应照明灯具，方便起夜。

避免直射：洗手盆、坐便器、浴缸、花洒正上方不宜设置直射灯，易造成眩光。

卫生间各区域照明设计对比

区域	不推荐	推荐
洗漱区	 聚光射灯，会造成背光，脸部容易产生暗影	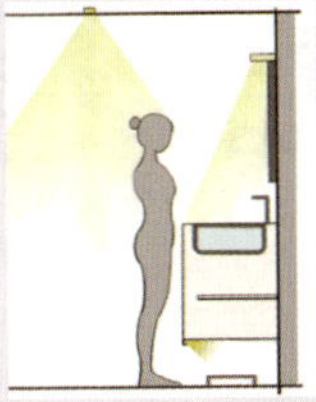 镜前灯洗面，光线柔和均匀，脸部无阴影
淋浴区	 在花洒正上方安装灯具，光线被遮挡	 灯具偏离花洒，避免抬头时光线刺眼，暗藏光柔和舒适
如厕区	 在坐便器正上方安装射灯，易聚光，易让人眩晕	 中位大光束角射灯，整体照明搭配补充照明
浴缸区	 在浴缸正上方安装射灯，人躺在浴缸里时易因光线直射而眩晕	 暗藏间接光照明，人躺在浴缸里时光线柔和不刺眼

暗藏灯光精细化设计

1. 内反切光问题（暗藏光吊顶）

（1）挡光板高度要合适

檐口过高，挡光板会影响灯光漫射效果，此时适当降低檐口，光线漫射会更均匀。

注意挡光板高度，避免产生切光现象，适当的高度可遮挡灯带及变压器设备。

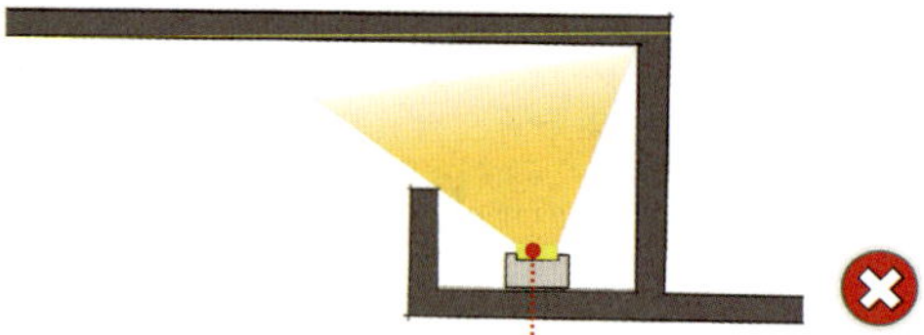

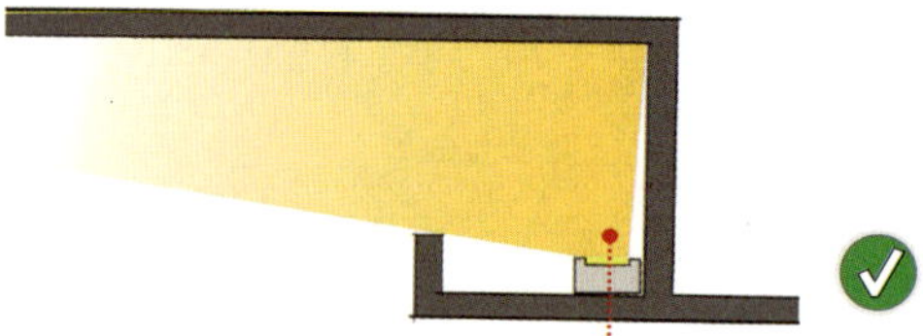

（2）设置 45° 角灯带

45° 角灯带可减少挡光面，避免切光。

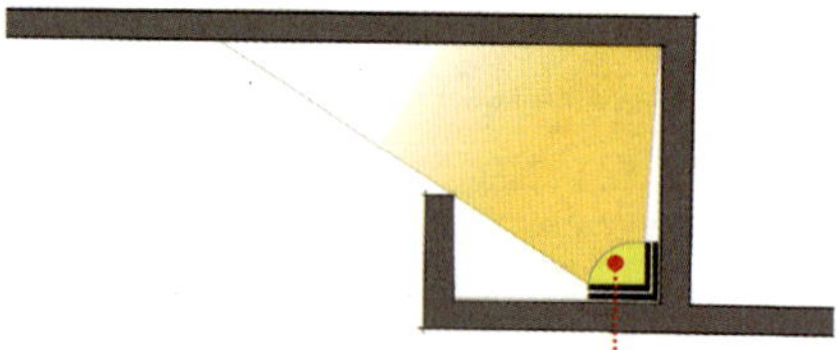

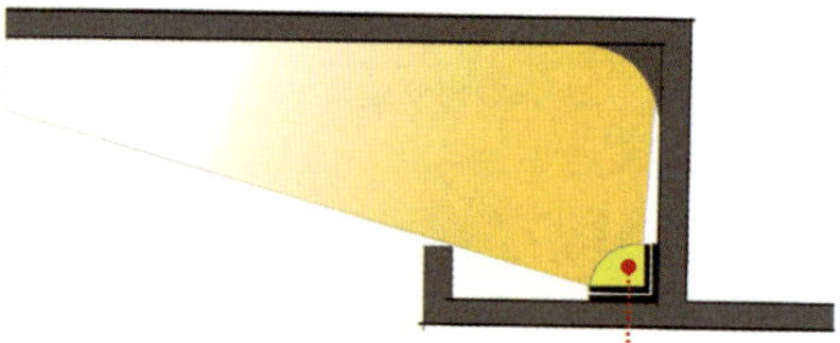

（3）设置云光角线

云光角线采用免吊顶悬浮反光灯槽，不挡光，无切光，确保出光柔和均匀 。

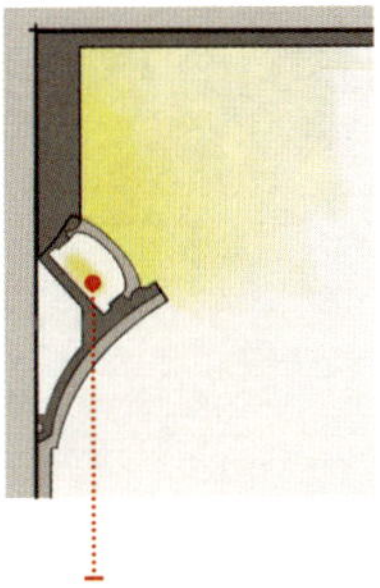

内反直角（洗顶发光槽）

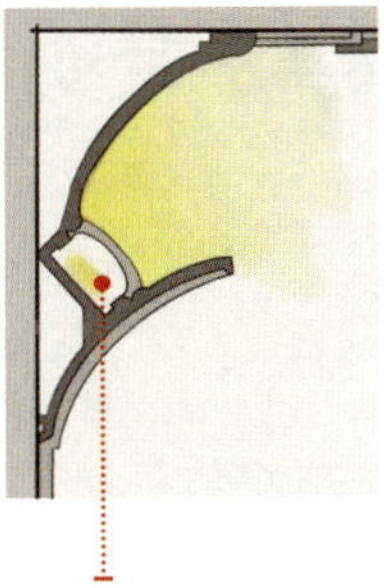

内反弧角（洗顶发光槽）

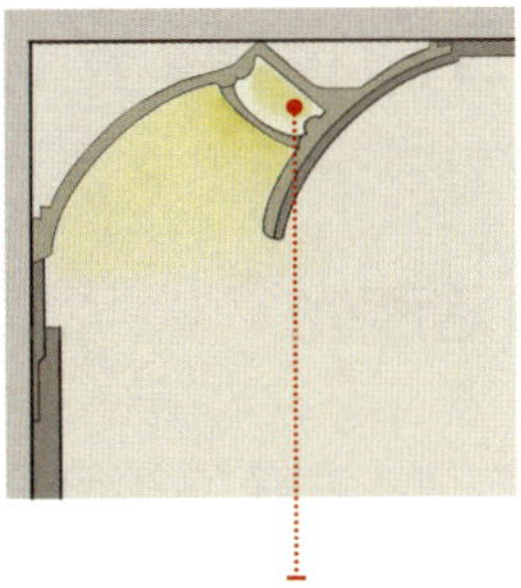

外反弧角（洗墙发光槽）

2. 外反切光问题

（1）挡光板高度要合适

注意挡光板高度，确保均匀的光照范围，适当高度的挡光板可遮挡灯带及变压器设备。

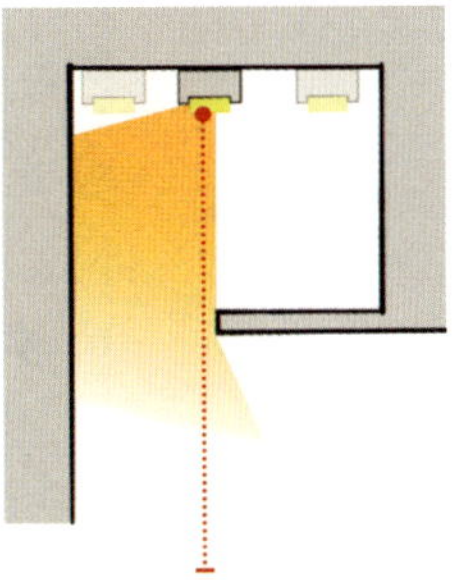

灯具居中，洗墙光均匀，出光位于遮光板中心

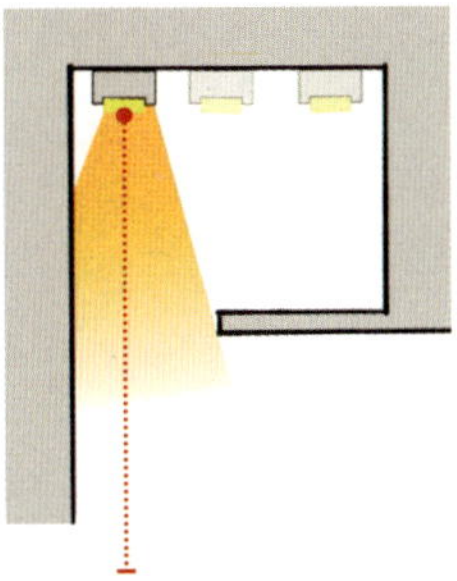

灯具外置，易看到灯具，邻近侧墙出现明显的切光

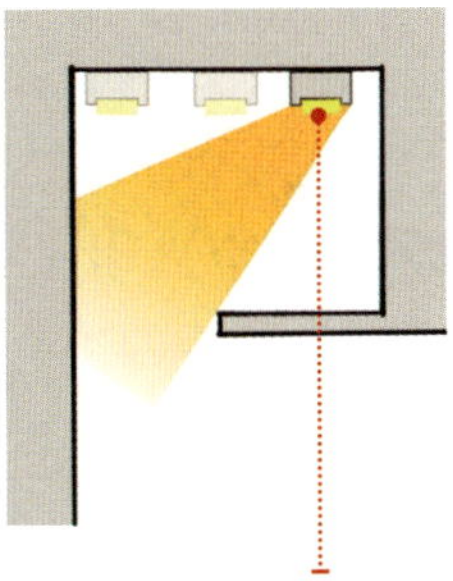

灯具内置，挡光板遮光太多，易产生切光

（2）遮光角度合适

判断遮光角度，避免产生切光现象。

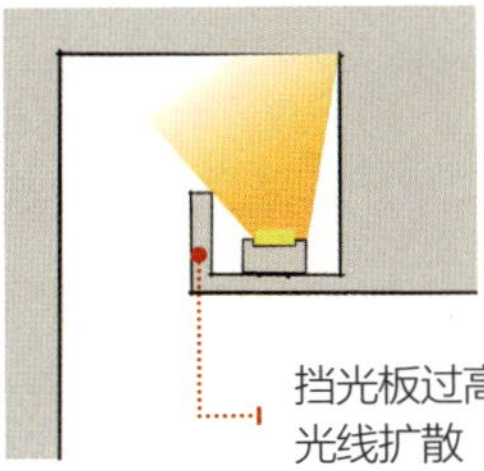

挡光板过高，影响光线扩散

窗帘盒暗藏光和展柜照明精细化设计

1. 窗帘盒暗藏光

（1）双轨窗帘轨道宜在靠近窗户一侧安装

预留合理的出光空间，确保漫射出均匀的光线。

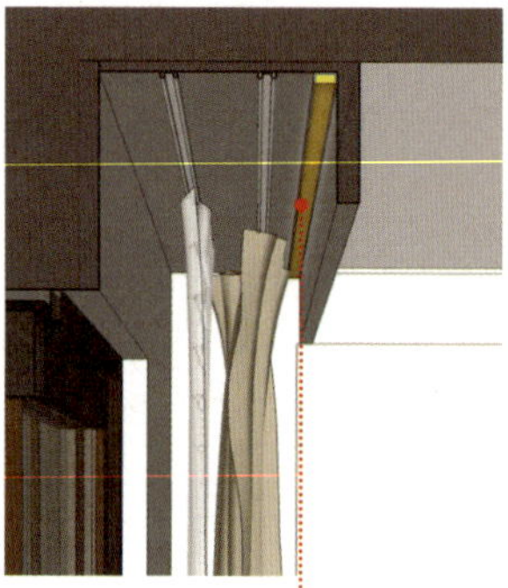

窗帘轨道居中，容易挡光

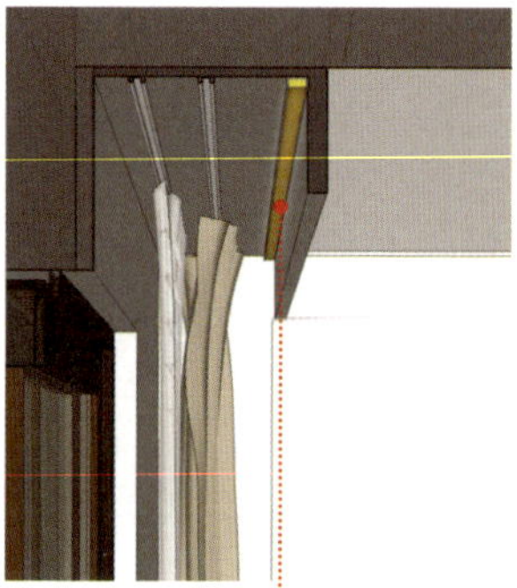

窗帘轨道靠近窗户一侧，不容易挡光

（2）考虑窗帘盒宽度和窗帘轨道类型的关系

常见的窗帘轨道类型有手动单轨、手动双轨、电动单轨、电动双轨等。根据不同的场景需求，窗帘盒宽度预留尺寸见下表。

窗帘盒宽度预留

轨道类型		窗帘盒宽度
单轨	手动单轨	不小于 150 mm
	电动单轨	
	暗藏光手动单轨	不小于 200 mm
	暗藏光电动单轨	
双轨	手动双轨	不小于 250 mm
	电动双轨	
	暗藏光手动双轨	不小于 300 mm
	暗藏光电动双轨	

（3）注意窗帘盒宽度及窗帘合起后的褶皱厚度

避免窗帘与窗帘盒侧壁刮碰，及窗帘翘头现象。建议采用向下出光的方式，这样可漫射出均匀的光线，且无切光 。

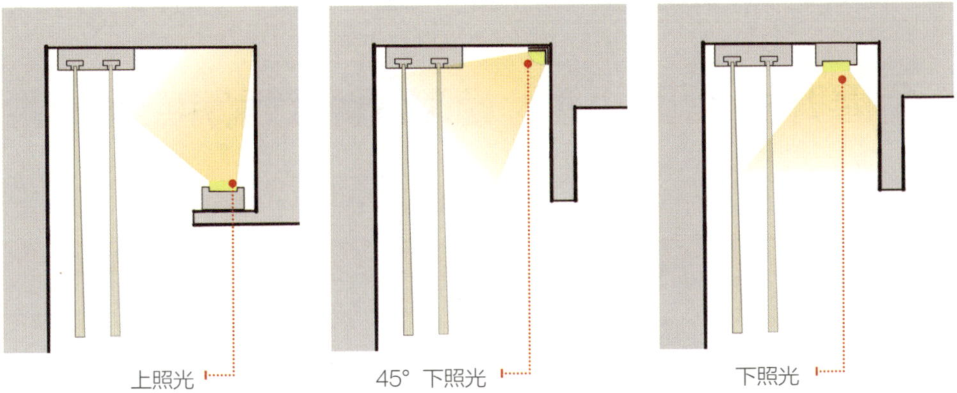

2. 柜体（展柜）照明

挡光板高度要合理，以确保合适的光照范围，适当的挡光板高度可遮挡灯带及变压器设备。注意遮光角度，避免出现切光现象。

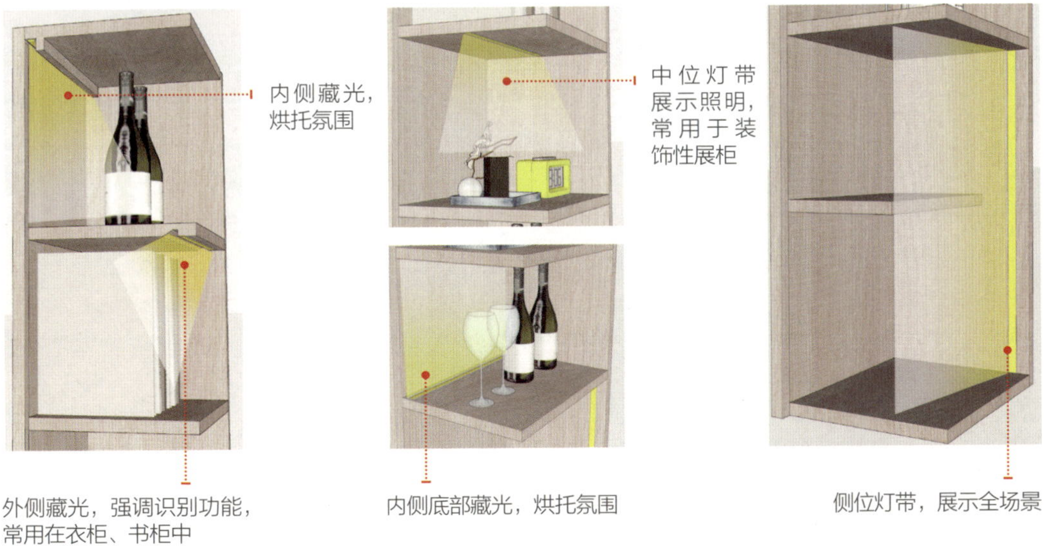

4.3 开关设计

全屋开关常见类型

开关常见类型

序号	类型	图示
1	翘板开关：物理触控	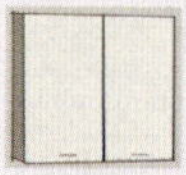
2	智能集成面板：物理触控或智能控制	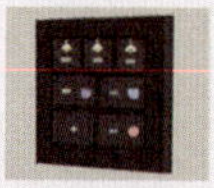
3	智能中控屏：触控操作或语音控制	
4	智能语音控制面板：语音控制开关灯	
5	传感器控制面板：人体移动传感器	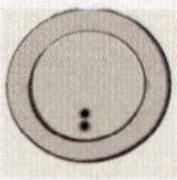
6	红外感应面板：人体存在智能感应开关	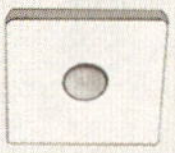
7	雷达感应面板：微波雷达感应开关	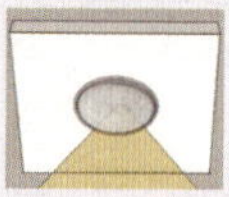
8	动能开关：移动无线开关，免布线遥控开关	
9	遥控开关：手机就是遥控器，出门不用担心忘记关灯	

注：应确保开关类型与系统相匹配，减少没必要的拆改。

■ 开关常见问题及功能需求清单

常见问题

□ 1. **开关被遮挡：**玄关柜或衣柜等遮挡墙面开关。

□ 2. **开关颜色与墙饰面或相邻面板不协调：**墙饰面与开关面板颜色应协调，与相邻开关面板，比如空调、新风系统等开关面板也应协调。

□ 3. **开关安装基层材料不符合要求：**开关安装位置的基层材料应满足防火规范。

□ 4. **开关高度不合理：**应考虑儿童和坐轮椅老人的控制需求，将开关高度适当降低。

□ 5. **邻水源开关未考虑防水功能：**靠近水源的开关应配置防水开关及防溅盒。

□ 6. **未考虑开关联动：**衣柜、橱柜内应配置联动开关，随用随亮。

□ 7. **未设置多控开关：**判断开关多联控制的便捷性，是否可在夜晚下床或下楼时控制沿途开关。

常见功能需求清单

□ 1. **翘板开关**（物理触控）

□ 2. **智能开关**（语音控制、手机远程控制、APP 控制）

□ 3. **红外感应开关**（探测识别）

□ 4. **手扫感应开关**

□ 5. **行程开关**（机械式联动开关）

□ 6. **门磁动态开关**（门开灯亮，联动开启）

□ 7. **无线开关**（可移动，灵活控制）

□ 8. **人体传感开关**（人体感应，节能省电，人来灯亮，人走灯灭）

□ 9. **电动窗帘开关**

□ 10. **空调开关**（壁挂空调可配备控制面板，避免找不到遥控器）

□ 11. **智能中控屏**（集开关、场景面板、智能开关于一体）

□ 12. **紧急求助按钮开关**

□ 13. **地暖、新风系统、调光等开关**（若设置，则需考虑周边装饰风格与开关面板的颜色相协调）

■ 玄关开关接线末端精细化设计

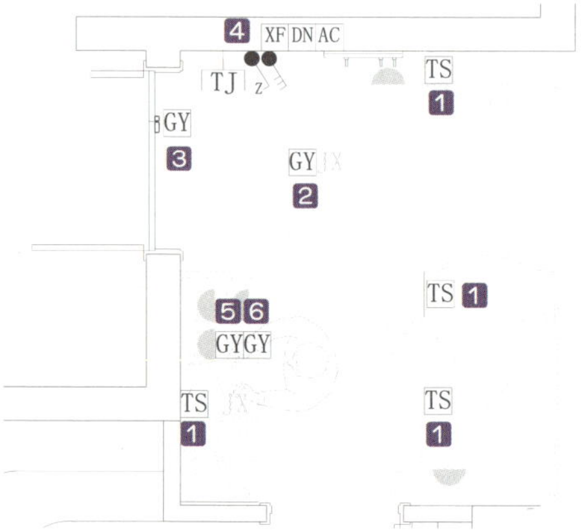

2 红外感应开关

顶装或壁装，夜晚归家时灯自动开启，不摸黑

3 智能门磁感应开关

行程联动识别开启，夜晚归家时灯自动开启

1 行程感应开关

在玄关柜内暗藏灯带，设置行程联动开关（接线条件预留需匹配产品选型：红外感应、磁控感应）

4 一键总控开关、智能中控屏

出门前不用逐一检查是否关灯，可一键控制全屋开关

6 悬空柜感应开关

在玄关柜底部放置拖鞋，感应照明，拿取物品一目了然

5 柜体中部感应开关

手扫感应开关，照亮玄关中部置物台

客厅及阳台开关接线末端精细化设计

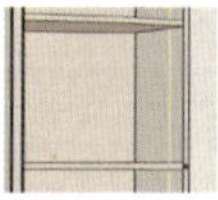

1 手动触摸开关

需要时开启电源，分控管理更节能

2 电动窗帘、电动开窗器开关

需匹配窗帘、开窗器类型：遥控开关、翘板开关、智能语音控制，邻近沙发可随手控制

5 紧急按钮开关

紧急求助呼叫

6 调光开关

可调节灯光亮度，营造不同的照明氛围

4 双联双控开关

在沙发旁设置双控开关，无主灯、展示氛围灯遵循分控原则，可与玄关开关联动

3 手动触摸开关

需要时开启，分控管理更节能

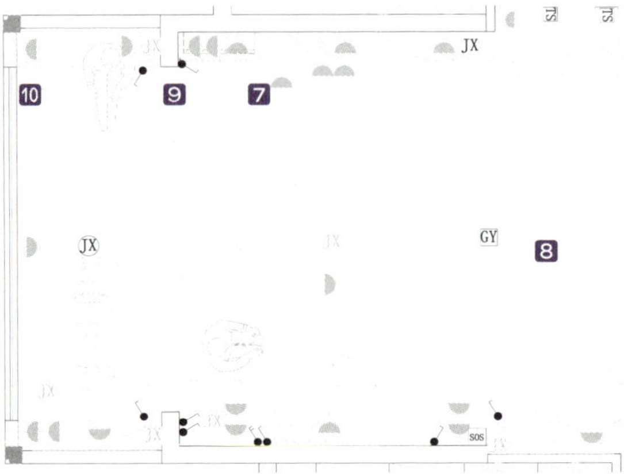

7 投影幕布智能开关

需匹配投影幕布选型：遥控开关、翘板开关、智能语音控制

8 人体传感开关

夜间发出柔光，提供基础照明，无眩光

10 手动触摸开关

需要时开启，分控管理更节能

9 晾衣架物理触控开关

需匹配晾衣架选型：遥控开关、翘板开关、智能语音控制

■ 餐厅、生活阳台开关接线末端精细化设计 ■

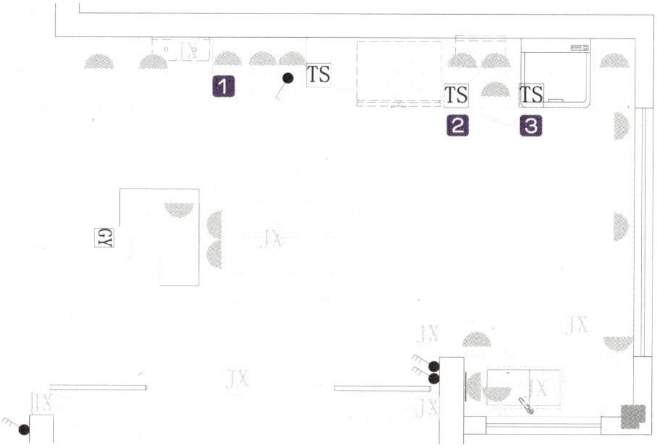

1 手动触摸开关

餐边柜操作台照明开关，可以使用手扫感应开关或翘板开关

2 高柜行程照明感应开关

在阳台柜内暗藏灯带，采用行程联动开关（接线条件预留，需匹配产品选型：红外感应、磁控感应）

3 立柜行程照明感应开关

在阳台柜内暗藏灯带，采用行程联动开关（接线条件预留，需匹配产品选型：红外感应、磁控感应）

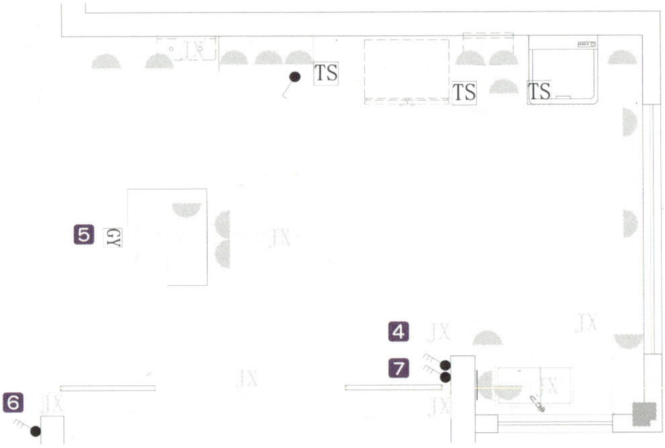

4 晾衣架、窗帘、电动开窗器开关

若设置，则需匹配晾衣架、窗帘、电动开窗器选型：遥控开关、翘板开关、智能语音控制

5 人体传感夜间照明

非主灯人体传感开关

7 推拉门开关

若设置，则需匹配推拉门选型：遥控开关、翘板开关、智能语音控制

6 餐厅照明开关

控制餐桌上方的主灯，提供基础照明，也可控制展柜展示氛围照明开关

厨房开关接线末端精细化设计

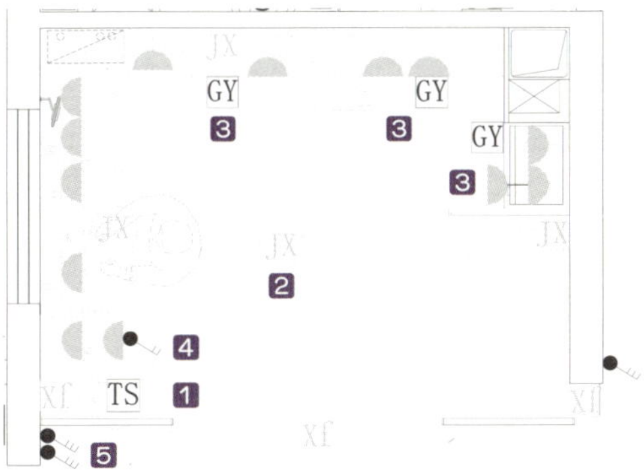

❶ 柜体开关

在收纳柜内暗藏灯带，采用行程联动开关

❷ 非主灯人体传感开关

辅助照明，人体感应开关更省电，人来灯亮，人走灯灭

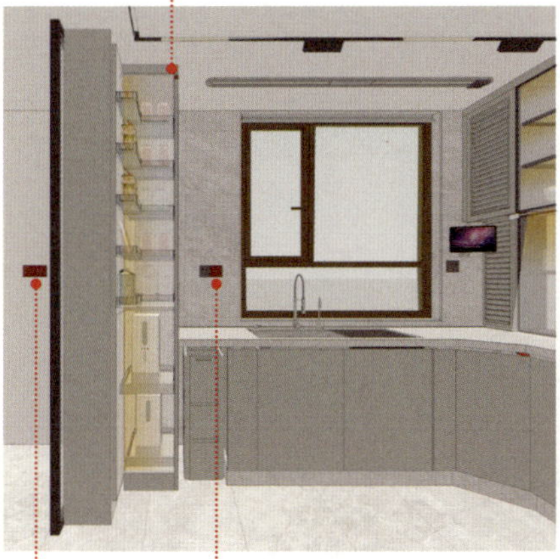

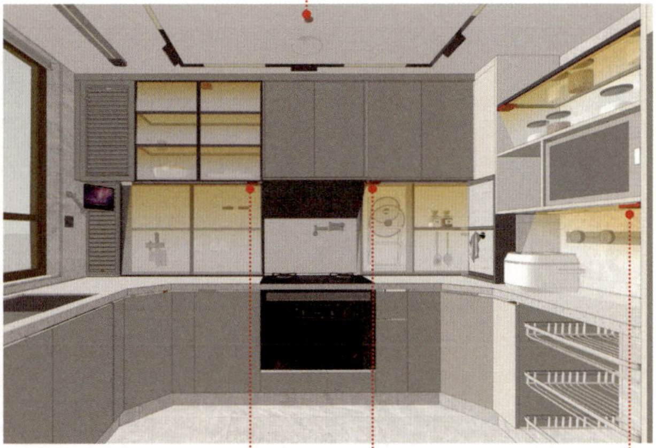

❹ 凉霸、天花板二次排烟机开关

若设置，则需匹配凉霸、排烟机选型：遥控开关、翘板开关、智能语音控制

❸ 操作台照明开关

若设置，则需判断操作台照明选型：手扫感应开关或翘板开关。同时考虑灯具选型及安装工艺，避免直视光源及台面反射产生眩光

❺ 厨房照明开关

a. 主灯照明开关，泛光均匀，满足做饭时的亮度需求

b. 展柜照明开关，适用于开放式厨房

主卧、主卫开关接线末端精细化设计

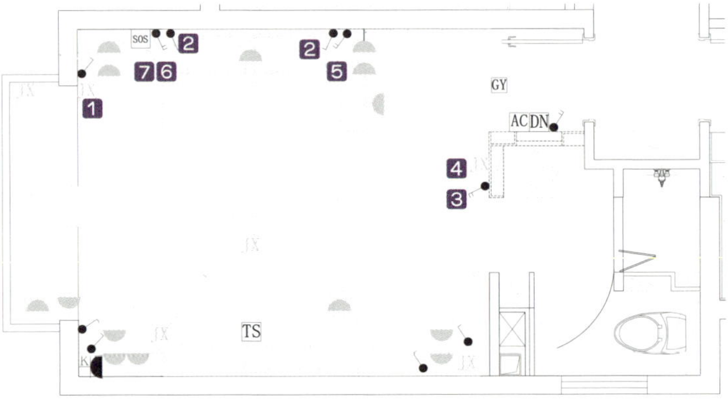

1 电动开窗器开关

需匹配开窗器选型：遥控开关、翘板开关、智能语音控制

2 夜读灯开关

在床头设置夜读灯，灯具宜带独立开关，方便随时控制

3 卫生间照明开关

卫生间照明开关宜外置

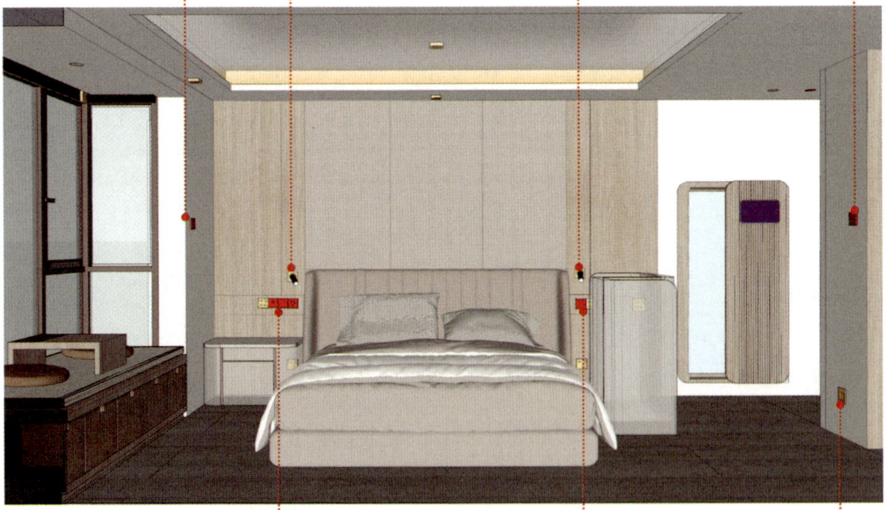

6 紧急按钮开关

紧急求助呼叫

7 电动窗帘开关

若设置，则需匹配窗帘选型：遥控开关、翘板开关、智能语音控制

5 床头照明双控开关

不用下床开关灯，在床头即可控制开关；还可以调节灯光亮度，营造不同的照明氛围

4 小夜灯感应开关

起夜时，灯光自动开启，不摸黑

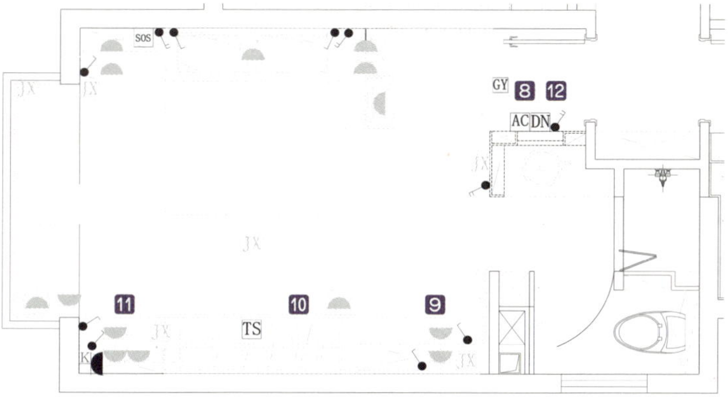

8 人体传感开关

人体感应自动开启，开门即亮

10 行程照明感应开关

在衣柜内暗藏灯带，行程联动开关（接线条件预留，需匹配产品选型红外感应、磁控感应）

11 手动触摸开关

工作时开启，满足照明需求，分控管理更节能

12 照明双控开关

考虑预留空调、地暖、新风系统、背景音乐等接线条件（若设置，则需考虑开关面板颜色的匹配性）

9 梳妆台照明开关

化妆时开启，满足照明需求，分控管理更节能

次卫开关接线末端精细化设计

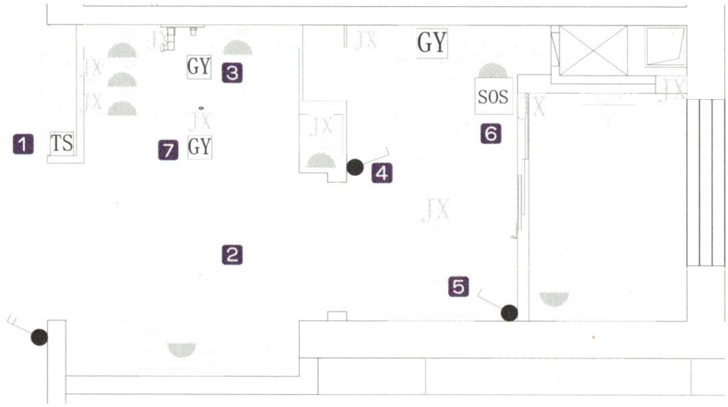

3 镜柜开关

灵活开关，满足梳妆时的照明需求

4 暖风机集成开关

a. 安装位置：考虑淋浴时方便调节；

b. 接线条件：需匹配产品选型，如遥控开关、翘板开关、智能语音控制

2 人体传感夜间照明

非主灯人体传感开关

1 行程照明感应开关

在收纳柜内暗藏灯带，采用行程联动开关（预留条件，需匹配产品选型：红外感应、磁控感应）

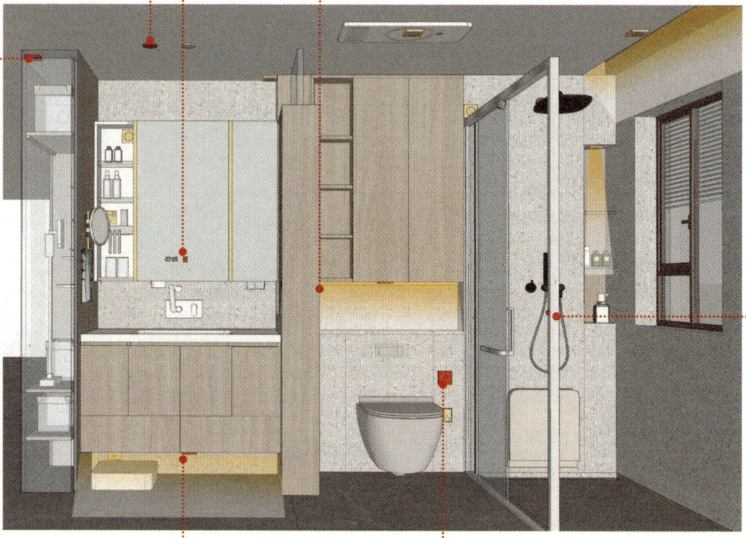

5 电动淋浴门开关

给淋浴间立框设置一键开启雾化效果，起到隔断作用

7 夜灯感应开关

在洗手台底部暗藏照明灯带，起夜不摸黑

6 紧急按钮开关

紧急求助呼叫

4.4 插座设计

全屋插座常见类型

插座常见类型

序号	类型	简介	图示
1	单体插座	根据需求选型，比如双孔、三孔、四孔、正五孔、斜五孔等	
2	集成插座	连体面板，面板为一体式，各开关之间紧密贴合、平滑整齐，缝隙内不藏灰，美观度高	
3	多功能插座	集成多种功能，包括带 USB Type-C 接口、感应小夜灯等	
4	防水插座	防水、防触电，确保用电安全	
5	地面插座	隐形、防水、暗装，避免磕绊	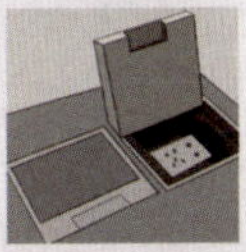
6	隐藏式插座	内嵌隐藏式安装，释放墙面空间	
7	带开关的插座	不用反复插拔插头，通过开关来控制	

续表

序号	类型	简介	图示
8	滑轨插座	可随意移动，多个电器可同时使用	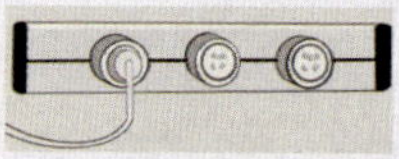
9	升降插座	电动升降，安全防水，多功能嵌入隐藏	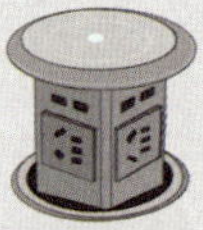
10	无线充电插座	无线充电，随心自由使用	
11	智能插座	远程控制、语音控制，简单随心	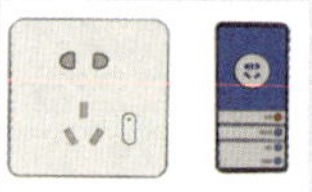

插座常见问题及功能需求清单

常见问题

□ **1. 插座开槽不当：**插座开槽处应避开剪力墙及结构梁柱位置。

□ **2. 插座类型与电器不匹配：**插座类型应与电器插头相匹配。

□ **3. 插座被遮挡：**插座不应被电器遮挡，也不可与柜体的横竖立板冲突。

□ **4. 插座颜色与墙饰面或相邻面板不协调：**插座面板颜色宜与墙饰面相协调，相邻开关面板，比如空调、新风系统等的开关面板也应与插座面板颜色协调。

□ **5. 插座安装基层材料不符合要求：**插座安装位置的基层材料应满足防火规范。

□ **6. 邻水源插座安装未考虑防水：**靠近水源的插座应配置防水插座及防溅盒。

常见功能需求清单

- □ 1. **轨道插座**（移动灵活，用电安全，免插拔旋转控制）
- □ 2. **感应小夜灯插座**
- □ 3. **多功能插座**（带定时器、漏电保护器）
- □ 4. **网络、电视机接线面板**
- □ 5. **墙壁路由器 AP 或 Wi-Fi 无线面板**
- □ 6. **暗装地插**（隐形暗装，避免磕绊）
- □ 7. **带独立开关的错位插座**（不同插头可同时使用）
- □ 8. **错位五孔插座**（不同插头可同时使用）
- □ 9. **普通插座**（双孔、三孔、四孔、五孔等，确保插座类型与电器插头匹配）
- □ 10. **快充插座**（满足不同设备的使用需求，比如墙壁 USB Type-C 快充接口、台面无线充电插座）
- □ 11. **电动窗帘插座**（单轨、双轨，匹配两孔或三孔插头）
- □ 12. **智能插座**（手机 APP 远程控制，智能语音控制）
- □ 13. **防水插座**（复核防水盖规格及穿线口位置，确保覆盖插头）
- □ 14. **出线孔面板**（遮丑，告别杂乱出线）
- □ 15. **升降插座**（常用在岛台附近，升降隐藏，释放空间）

小贴士

根据需求判断插座类型，电器设备与插头形式及系统应匹配。

玄关插座精细化设计

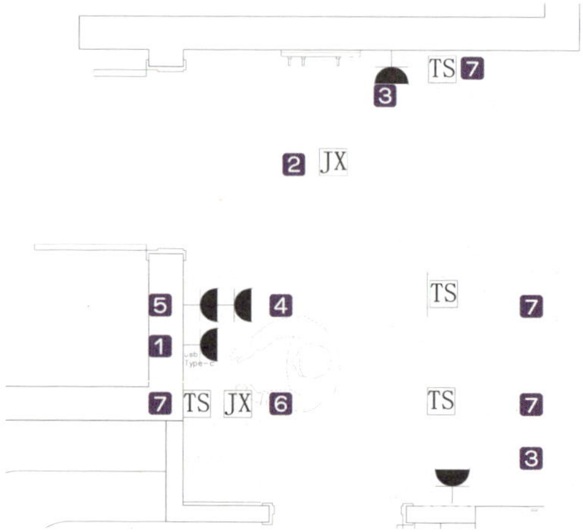

7 在玄关柜中预留行程开关接线口

1 在玄关柜中部预留小家电备用插座，快充插头含 USB Type-C 接口

2 在天花板或墙壁上预留感应照明接线口

6 在玄关中部、底部悬空柜中预留感应灯带电源接线盒时的注意点

a. 考虑变压器暗藏及漏电保护和后期检修；

b. 使用斜 45° 层板灯带，避免台面、地面反光，造成眩光

3 预留日常小电器备用插座

5 预留扫地机器人的备用插座

4 在玄关柜中预留除臭机、擦鞋机、路由器等的备用插座

客厅及阳台插座精细化设计

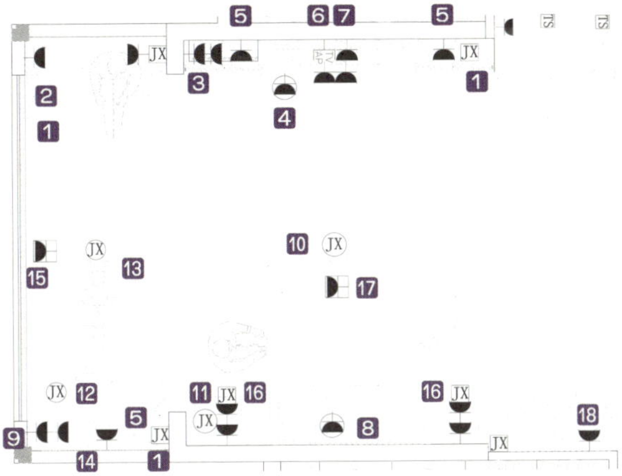

❶ 氛围照明，预留展架照明灯带备用接线口

❹ 投影幕布插座预留注意点

a. 考虑投影幕布选型（投墙、升降吊装等），以匹配合适的电源；

b. 在天花板中暗装投影幕时应满足检修及设备散热需求

❺ 在电视柜中预留备用插座（含 USB Type-C 快充接口）

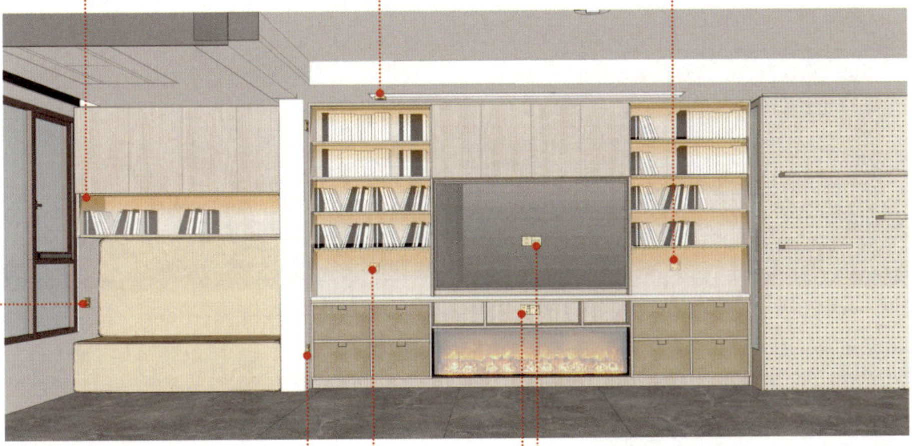

❷ 在阳台预留备用插座（含 USB Type-C 快充接口）

❸ 预留空调备用电源插座时的注意点

a. 若采用 VRV 系统或中央空调，则不用预留台式机和壁挂机插座；

b. 预留的台式机和壁挂机电源插座（宜带独立开关）需满足淡季断电需求；

c. 考虑插座与空调的位置，避免冲突；

d. 复核空调插座与冷凝管的关系，避免冷凝管漏水触电

❺ 在电视柜中预留健身智能魔镜、闺蜜机等的备用插座

❻ 电视机、网络设备插座预留注意点

a. 匹配足够的插座，避免使用插排接线造成电线缠绕；

b. 电视机是壁挂还是台摆，匹配接线定位，避免接线外露

❼ 在电视墙中预留壁炉、机顶盒、路由器等的备用插座

9 预留电动窗帘插座注意点

a. 确定插座数量，使其与电机相匹配（双轨单插头、双轨双插头）；

b. 确认插座安装位置，同时关联电机安装方式（顶装或壁装），避免冲突；

c. 插头是两孔还是三孔，匹配四孔或轨道插座，供双轨电轨使用，不用安装两个插座；

d. 复核电机与空调冷凝管、插座的关系，避免冲突

8 投影仪插座预留注意点

a. 考虑投影仪选型（吊装、升降暗装、台摆等），以匹配备用插座；

b. 在天花板中暗装投影仪时需考虑检修及设备散热需求

12 在窗边预留红外幕帘备用接线口

13 在阳台吊顶上预留电动晾衣架备用接线口

10 预留天花板背景音乐、壁装音响的备用接线口

11 在客厅预留监控设备备用插座或接线口

18 电子琴、加湿器、空气净化器等的备用插座

16 在沙发旁预留智能沙发、阅读灯、香薰灯等的备用插座

17 在沙发区预留茶台隐形地插

5 在书柜中预留备用插座

14 在窗边预留电动开窗器的备用插座

15 在阳台预留跑步机、茶台、多功能棋盘桌等的隐形地插

餐厅及生活阳台插座精细化设计

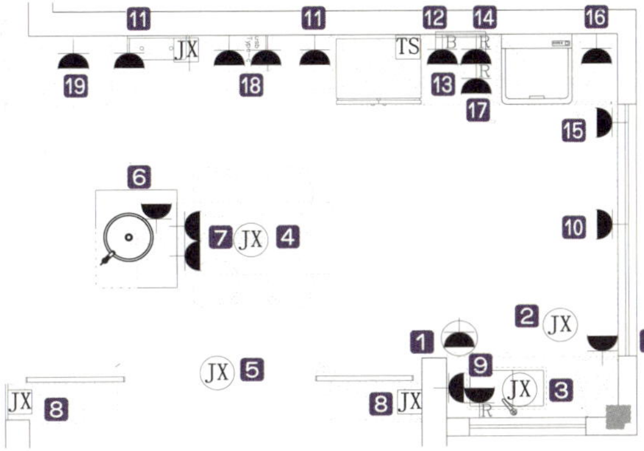

❷ 红外幕帘备用接线口

❸ 在生活阳台预留电动晾衣架备用接线盒

❹ 预留餐厅主灯接线盒

❺ **电动门预留接线注意点：**

a. 根据需求确定是否预留电动推拉门；

b. 匹配开关选型（翘板开关、感应智能开关）

❶ 电动卷帘备用插座

❶ 电动卷帘备用插座

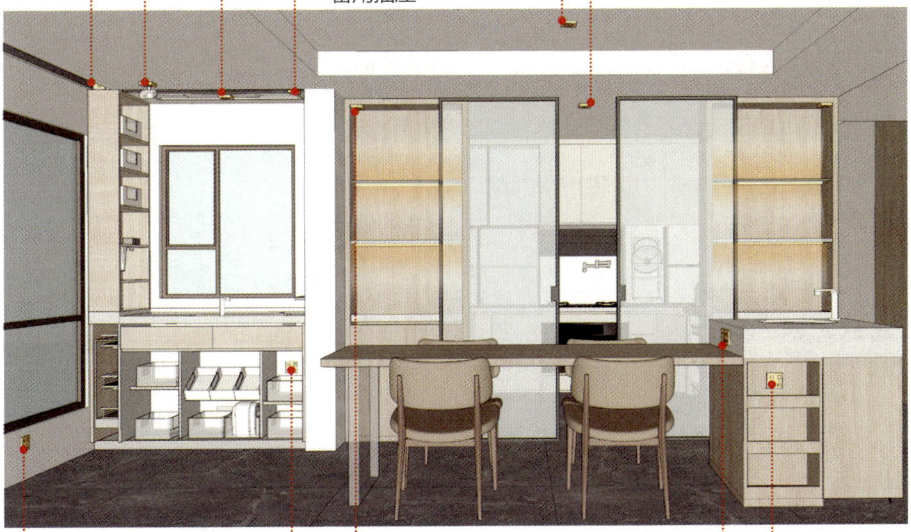

❾ 在生活阳台预留热水宝备用防水插座

❼ 在岛台餐桌附近预留滑轨插座，供小家电使用

❻ 在岛台餐桌附近预留热水宝、智能饮水机等的备用插座

❿ 节庆氛围照明备用插座

❽ 在餐厅预留展柜照明灯带备用接线口

⑪预留管线机、咖啡机插座注意点

a. 采用嵌入式插座，隐藏插头，接线不外漏；

b. 引线暗装，如在墙体中预埋穿管，将线接至低柜暗藏）

⑫在家政柜中预留行程感应灯带接线口注意点

a. 考虑变压器暗藏、漏电保护及检修；

b. 设置斜 45° 层板灯带，避免台面反光形成眩光

⑬平嵌冰箱插座布置在邻侧，勿被遮挡，冰箱插座宜设置独立回路，以确保长时间外出时冰箱不断电

⑭在家政柜中预留洗衣机、微洗机备用防水插座

⑮电动开窗器备用接线口

⑲在餐边柜中预留蒸烤箱一体机等插座时的注意点

a. 烤箱插头与插座匹配（额定电流为 16 A 或 10 A）；

b. 根据嵌入方式（立柜式、地柜式、中岛式）考虑插座安装高度；

c. 使用嵌入式插座，隐藏插头及上下接线，避免影响设备归位

⑱在餐边柜中预留备用插座注意点

a. 餐桌兼作写字桌时，考虑电脑及平板的用电需求；

b. 含 USB Type-C 快充接口，给电子设备供电

⑰自清洁扫地机器人备用插座

⑯在家政柜中预留熨烫机、拖地机备用插座

厨房插座接精细化设计

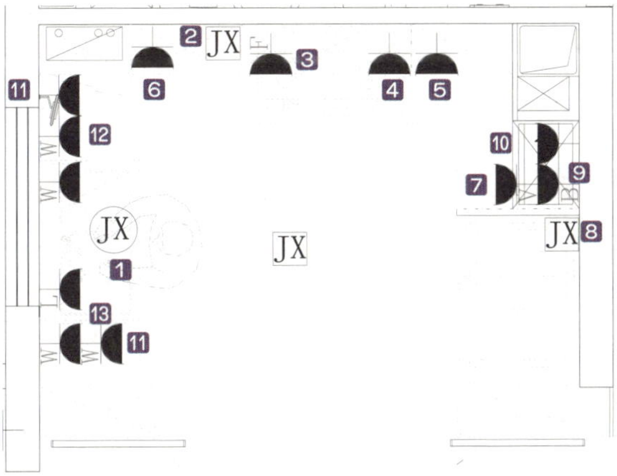

❶ 在天花板上预留照明、排烟、燃气报警器等的接线口

❷ 柜体灯带预留接线口注意点

a. 行程开关，开门联动照明（考虑变压器暗藏及检修）；

b. 手扫触发传感器自动照明；

c. 耐油污，易擦洗（超薄嵌入式安装）；

d. 发光背板照明，泛光式面光源，防眩光、无死角

❸ 在吊柜中预留抽油烟机插座注意点

a. 插座不被遮挡，避免影响抽油烟机归位；

b. 插座宜安装在邻侧吊柜内，便于操作及检修

❹ 在吊柜中预留电动升降拉篮插座注意点

a．保证插座不被遮挡，避免影响操作及检修；

b. 升降拉篮正下方不宜设置插座，避免升降拉篮与插座的使用冲突

❺ 在地柜中预留燃气灶、集成灶、蒸烤箱插座注意点

a. 插座不要距离燃气灶过近（需满足规范要求）；

b. 确定电子脉冲点火燃气灶是否需预留备用插座（根据产品参数来定）

❻ 预留燃气热水器插座

7 预留微波炉插座

8 预留柜体灯带接线口

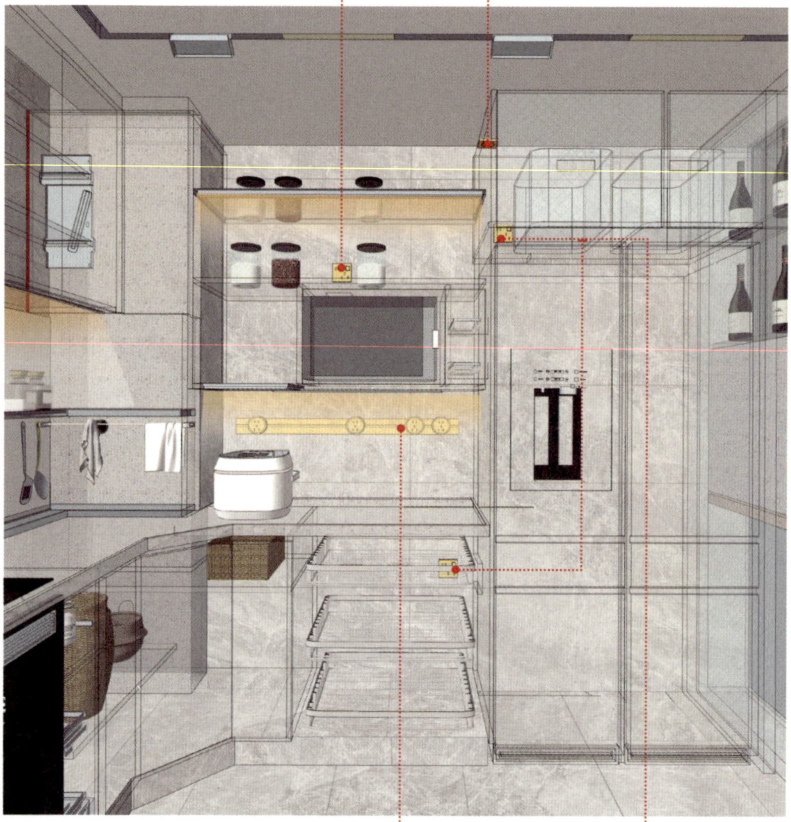

10预留滑轨插座注意点

a. 烤箱插头与插座需匹配（额定电流为16 A或10 A）；

b. 考虑嵌入方式和安装高度；

c. 根据需求选用嵌入式插座，隐藏插头及上下接线

9 预留冰箱插座注意点

a. 冰箱插头与插座应相匹配（常规额定电流为10 A）；

b. 偏位安装（侧面或上面），避免插头突出，影响冰箱归位；

c. 采用嵌入式插座，隐藏插头或邻侧及上下接线；

d. 为冰箱设置独立回路

⑪小家电备用插座

⑬地暖集水器备用插座

立面图体现管线排布及高度，精准定位，避免其与插座定位冲突

⑫在台下预留洗碗机、垃圾处理器等备用插座

a. 匹配斜五孔插座专用防水盖，避免卡住接线，无法归位；

b. 确保插座不被设备遮挡，便于安装及检修；

c. 确保插座不与柜体横立板冲突

小贴士

* 尽量不要将插座布置在墙砖接缝处，以免影响整体美感。
* 插座不要距离燃气设备过近（需满足规范要求）。
* 插座选型需考虑防水、防触电。
* 插座宜带独立开关，方便自由控制，减少插拔插头的次数。
* 可考虑在开放式厨房岛台上预留升降插座，整洁美观。
* 有条件的话，可在厨房预留含 USB Type-C 的快充接口。
* 设置手机、平板电脑电源插座，以满足美食博主直播时设备充电的需求。

卫生间插座接线末端精细化设计

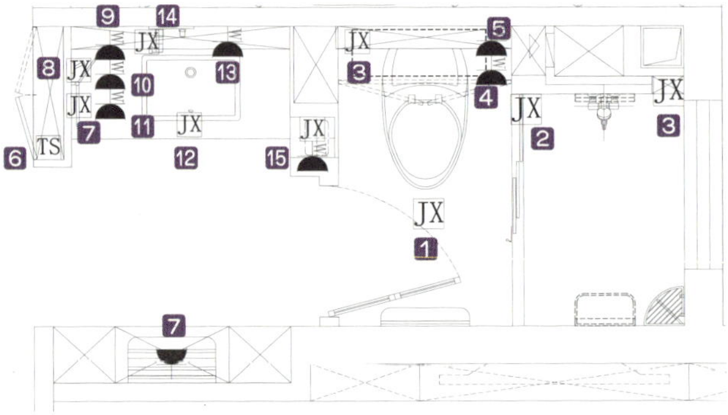

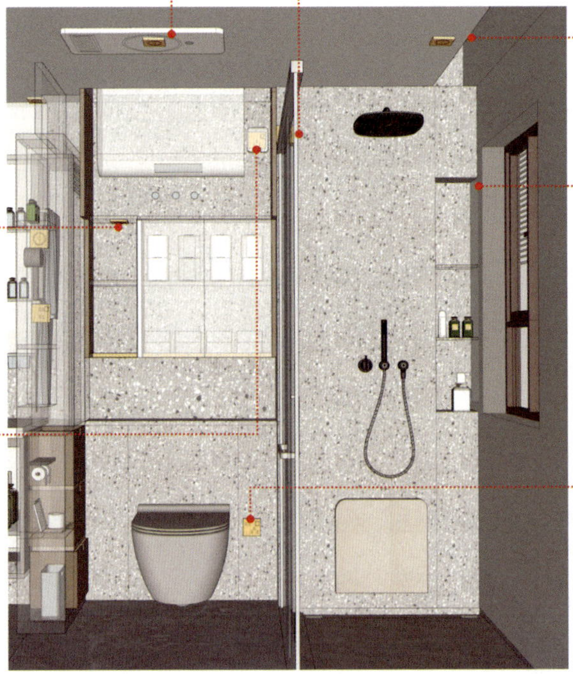

1 集成风暖机

在天花板中预留集成风暖机设备接线口

2 雾化玻璃

在天花板内预留雾化玻璃备用接线口

3 在壁龛内暗藏氛围灯兼夜灯照明灯带接线口

3 在壁龛内暗藏氛围灯接线注意点

a. 考虑变压器暗藏、漏电保护及检修；

b. 采用斜 45° 层板灯带，避免台面反光形成眩光

5 电热水器插座预留注意点

a. 考虑设备规格及给水排水线路，避免冲突；

b. 匹配防水盒，避免卡住接线，无法归位；

C. 采用嵌入式插座，内嵌式隐藏插头，美观不占空间

4 智能坐便器插座预留注意点

a. 判断插座与坐便器排污孔距离，确保不被坐便器遮挡；

b. 匹配插座与防水盖类型，避免卡住接线；

c. 暗藏式电源接线美观且易清洁，但需预留检修口

8 梳妆镜插座预留注意点

a. 确认是否在镜柜中预留备用插座，如果预留，则应避免其与镜柜横竖层板冲突；

b. 考虑选用含 USB Type-C 快充接口及四孔插座；

c. 注意梳妆镜选型，考虑其是否需预留备用接线口，以免后续拆改；

d. 邻近小家电不要与镜柜门开启冲突

6 在家政柜中预留行程照明备用接线口注意点

a. 暗藏灯带，考虑变压器暗藏及检修问题；

b. 防眩光，如采用斜 45° 层板灯带，避免直视产生眩光

9 电动牙刷备用插座

7 电热毛巾架、浴巾架插座预留注意点

a. 插座与防水盖类型相匹配，避免防水盖被卡住；

b. 隐藏式接电需结合产品，提前规划，精准预埋；

c. 外接式插座需注重防水及漏电保护；

d. 预判与邻近部品的关联性，设备安装不要与镜柜及接线插座冲突

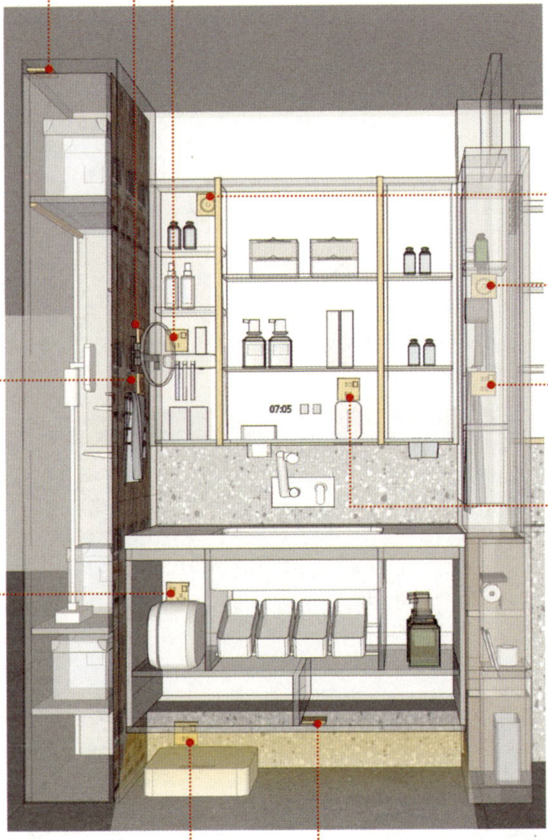

14 智能镜柜插座预留注意点

a. 考虑智能除雾功能，避免洗漱时看不到脸

b. 镜柜安装打孔时应避开电源线路，避免造成短路

15 吹风机、卷发器等的插座预留注意点

a. 吹风机分置悬挂，避免其与邻近物品碰撞及出现缠线问题；

b. 为吹风机设置专用插座或懒人免插拔电源

13 镜柜内暗藏感应皂液器备用插座

10 热水宝备用插座

11 自清洁扫地机器人备用插座设置注意点

a. 插座不可与给水排水点位冲突；

b. 插座不可与柜体横纵板冲突，还应便于操作及检修

12 在洗手盆下预留暗藏小夜灯备用接线口时的注意点

a. 安装时应考虑变压器暗藏、漏电保护及便于检修的问题；

b. 避免因地面反光而造成眩光；

c. 灯具选型（斜 45° 层板灯带、线性灯、地脚灯）

卧室插座精细化设计

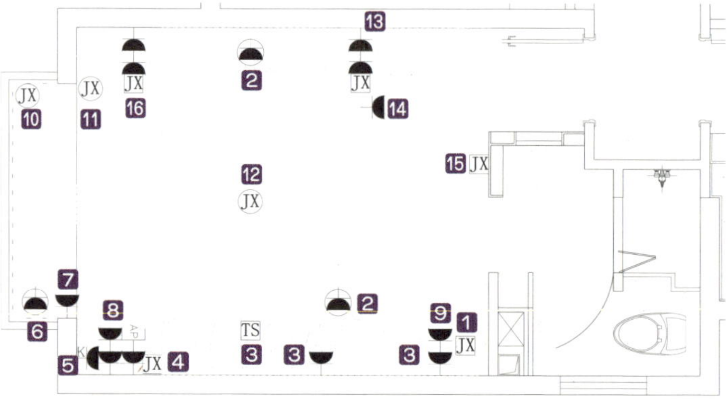

1 在梳妆台附近预留照明备用接线

a. 梳妆台天花顶部平嵌泛光式面光源；

b. 确保梳妆区光线均匀明亮，无暗影

2 在天花板中预留投影仪、投影幕备用插座

4 在写字台附近预留照明备用接线口

5 预留空调备用插座

6 预留电动窗帘备用插座

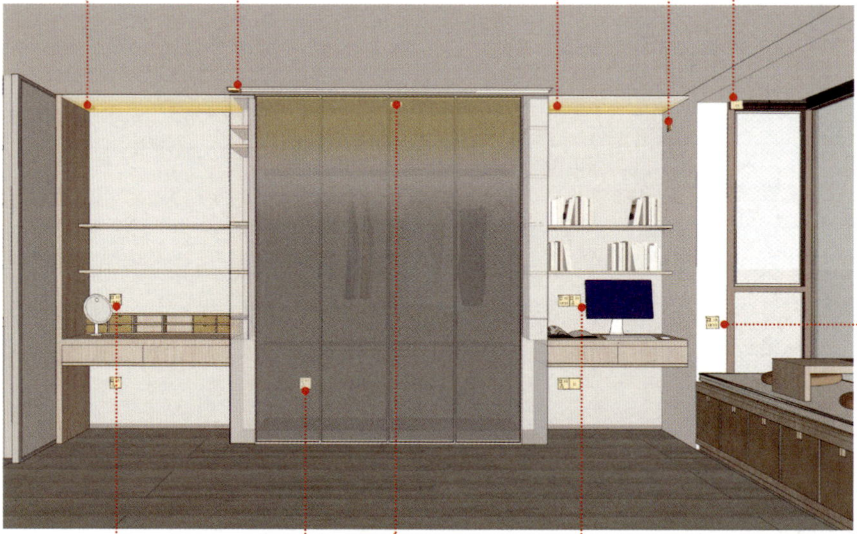

7 飘窗台备用插座

插座含 USB Type-C 快充接口，休闲时可随手充电

9 梳妆台备用插座预留注意点

a. 满足多元需求（含 USB Type-C 快充接口），供加湿器、空气净化器等小家电使用；

b. 高度在梳妆台上方 200 mm 左右

3 在衣柜内预留行程开关、衣柜精灵等备用插座时的注意点

a. 暗藏灯带，考虑变压器暗藏及检修；

b. 防眩光，如采用斜 45° 层板灯带

8 写字台备用插座（带 Wi-Fi）

a. 满足多元需求（含 USB Type-C 快充接口），供电脑、手机等设备使用；

b. 高度在写字台上方 200 mm 左右；

c. 整屋 Wi-Fi 覆盖，信号不受限

12 在天花板上预留蓝牙音响、吸顶音响备用接线口

11 预留红外幕帘备用接线口时的注意点：

a．根据需求设置，常布置于首层、二层与顶层；

b. 预留红外幕帘接线口时需考虑天花板或墙壁类型，避免其与窗户开启扇冲突

2 在天花板中预留投影仪、投影幕备用插座

10 电动开窗器备用接线口

13 预留床头阅读灯接线口

16 床头插座预留注意点

a. 满足多种设备使用需求（含 USB Type-C 快充接口）；

b. 注意插座高度；

c. 考虑释放空间，比如当台灯插头突出，影响床头柜贴墙时，可采用嵌入式插座，隐藏插头；

d. 考虑是否预留床头阅读灯、装饰壁灯、智能床、紧急按钮、电动窗帘等的备用接线口

14 预留迷你水吧备用插座

15 预留小夜灯接线口时的注意点

a. 智能感应（人体感应加光线感应），延时熄灯不摸黑；

b. 柔和发光，不闪屏，不刺眼；

c. 考虑邻近材料是否反光，避免产生眩光

4.5 给水排水末端设计

给水排水末端常见问题及需求清单

常见问题

□ 1. **厨房水盆区水电冲突：** 厨房台下水盆控制阀与台下插座穿线太近或定位冲突。

□ 2. **地暖集水器与电源冲突：** 做好地暖集水器管线排布，避免遮挡插座，影响正常使用。

□ 3. **入户门扇底框与水暖管线冲突：** 如果入户门底框采用嵌入式安装，则需判断是否与水暖管线冲突。

□ 4. **水管遮挡检修口：** 考虑水管井与风管井的排布关系，避免水管遮挡排风口，影响正常接线。

□ 5. **水龙头与洗衣机冲突：** 考虑洗衣机给水龙头的位置，避免其被洗衣机遮挡，影响正常操作和归位。

□ 6. **清洁喷枪与坐便器冲突：** 考虑坐便器位置，避免其与清洁喷枪冲突。

小贴士

在图纸设计中，给水排水末端点位经常被遗漏，这很可能会导致其与电点位、设备安装以及柜体安装产生冲突。

常见功能需求清单

- □ 1. 玄关清洁水池
- □ 2. 餐厅管线机
- □ 3. 鱼缸给水条件
- □ 4. 阳台茶台直饮水条件
- □ 5. 阳台洗衣机
- □ 6. 阳台家政水池
- □ 7. 自清洁扫地机器人
- □ 8. 制冰冰箱给水条件
- □ 9. 厨房双水盆条件
- □ 10. 岛台水盆（开放式厨房）
- □ 11. 灶台水龙头
- □ 12. 洗衣机、微洗机
- □ 13. 拖布池及拖布池龙头
- □ 14. 洗手池
- □ 15. 智能坐便器给水
- □ 16. 坐便器清洁喷枪
- □ 17. 淋浴花洒
- □ 18. 浴缸
- □ 19. 智能水表
- □ 20. 前置过滤器
- □ 21. 净水器、软水器
- □ 22. 加压泵
- □ 23. 储水箱
- □ 24. 电热水器
- □ 25. 燃气热水器
- □ 26. 太阳能热水器
- □ 27. 自助咖啡机
- □ 28. 碎骨机
- □ 29. 洗碗机
- □ 30. 水浸探测器
- □ 31. 卧室迷你水吧
- □ 32. 防臭、防虫地漏

餐厅、生活阳台给水排水末端点位设计

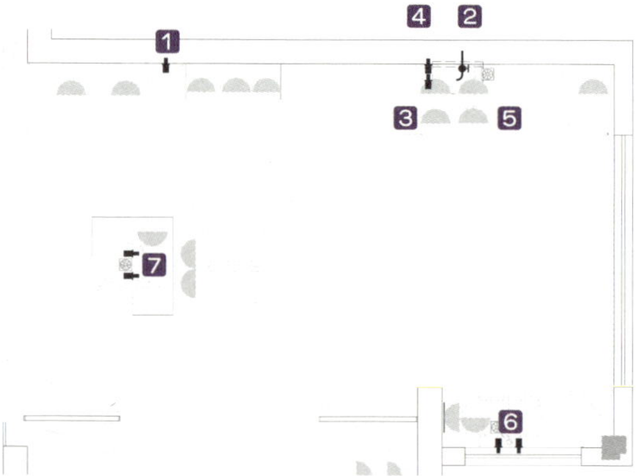

1 管线机直饮给水点

a. 出水点与净水器距离是否过远，通常不超 10 m（具体参见所装设备的要求）；

b. 给水点及插座走线不冲突，接线隐蔽于设备后，便于清洁

2 洗烘一体机、微洗机给水点

a. 复核给水点水龙头位置，避免影响洗衣机归位；

b. 给水点水龙头不要与柜体横竖立板冲突，避免影响操作及检修；

c. 洗衣机、微洗机宜邻近布置，共用给水点更节省空间；

d. 给水点水龙头不能与电源插座冲突，插座宜高于或与水龙头齐平，不宜安装在水龙头正下方；

e. 洗衣机给水阀宜安装在设备侧边或上面，不要被设备遮挡，应便于操作检修

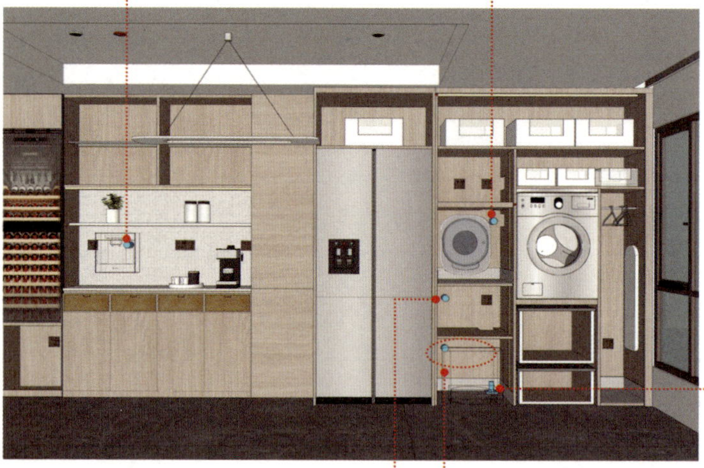

5 洗烘一体机、微洗机排水点

a. 复核排水点地漏位置，不要影响洗衣机归位；

b. 排水点地漏不要与柜体横竖立板冲突，便于操作及检修

4 冰吧冰箱直饮水给水点位

a. 匹配冰箱选型（自动进水、水箱供水）；

b. 内置水箱制冰，不需要接水源；全自动净水及制冰功能，需预留外接水源制冰；

c. 宜预留在冰箱侧边，方便观察及操作、检修

3 自清洁扫地机器人给水排水点

a. 复核给水点水龙头和排水点位置，不可影响机器设备归位

b. 给水点水龙头、排水地漏不与柜体横竖立板冲突；

c. 洗衣机、微洗机、扫地机器人可邻近布置，宜共用给水点和排水点

❻ 家政柜洗涤池给水排水点

a . 给水排水点高度不可与家政柜横竖板及抽屉冲突，避免影响操作及检修；

b. 给水排水点高度不可与墙排水管、备用插座相互冲突

❼ 西厨岛台餐桌给水排水点

a . 岛台下方水管通常是悬空直立的，判断是否对给水排水管进行了加固，避免水压冲击造成水阀松动、漏水；

b. 岛台水盆及水龙头出水可选择防溅型的，这样洗水果、茶杯时不往外溅水；

c. 岛台下方水管宜集中布置，零散布管易造成柜体板开孔过多，影响收纳；

d. 考虑岛台区的其他需求，判断是否需配置管线机、净水器、隐藏式电磁炉、升降插座等设备

厨房给水排水末端点位设计

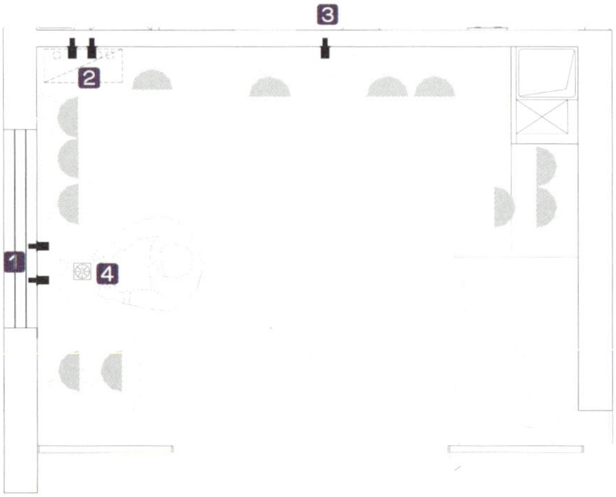

1 厨房水盆给水排水点

a. 前置过滤器、软水机、洗碗机、垃圾处理器等设备接水点高度不要与橱柜横竖板及抽屉冲突，避免影响操作及检修；

b. 给水点高度不要与地暖集水器、邻近电源插座相互冲突；

c. 判断水槽下方空间是否可以安装各种设备（前置过滤器、软水机、洗碗机、垃圾处理器等）

2 燃气热水器给水点位

a. 复核给水点高度，判断燃气热水器规格，避免安装叠加冲突；

b. 复核给水点与燃气接口、插座的位置关系，避免交叉冲突；

c. 考虑是否使用零冷水燃气热水器（缺点是耗能，优点是随时用热水，不浪费）

d. 考虑是否用于地暖供热（适用于自采暖住宅）

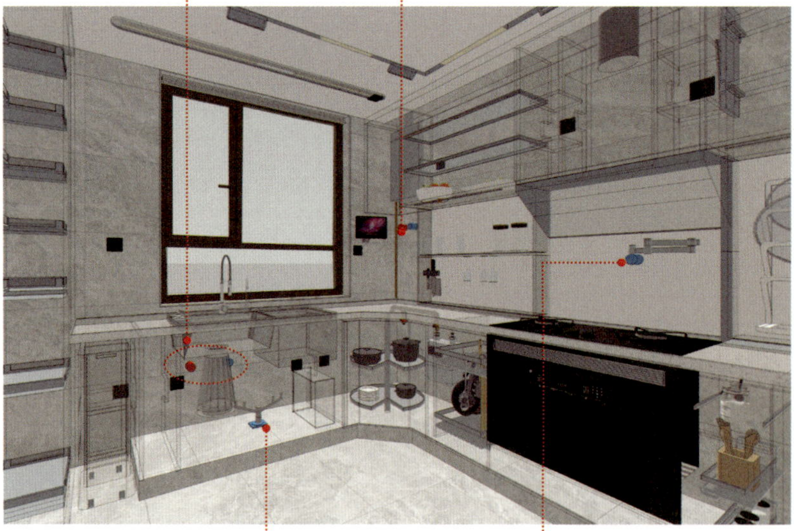

4 洗菜盆排水点

水盆排水孔位置（盆中、盆后、盆侧）是否与下水孔对位，避免排污管连接路径过长，影响台下设备的存放

3 灶台水龙头给水点

a. 复核给水点高度及位置，判断使用半径是否与锅具冲突；

b. 复核燃气灶选型（集成灶、侧吸式抽油烟机），判断是否与给水点冲突

卫生间给水排水末端点位设计

1. 水盆区给水排水点位

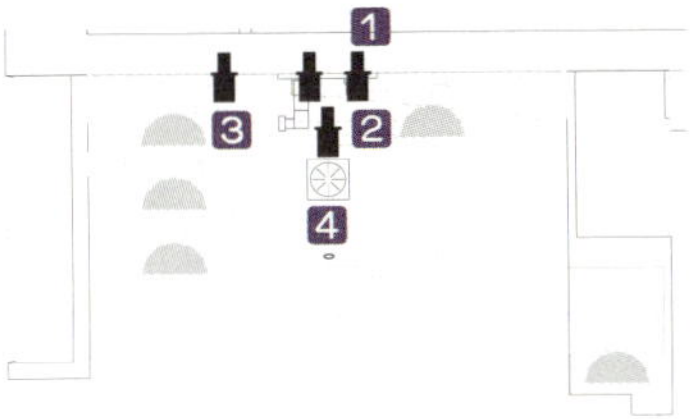

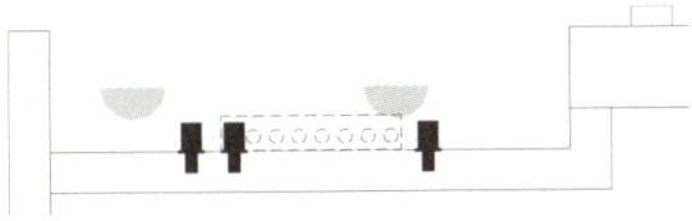

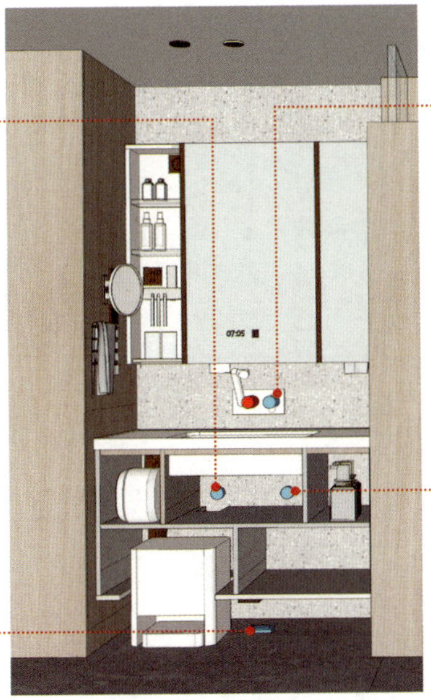

3 自清洁扫地机器人给水点

a. 复核给水点水龙头位置，不能影响机器设备归位；

b. 给水点水龙头、排水地漏不与柜体横竖立板冲突，避免影响操作及检修

4 自清洁扫地机器人排水(地排)

a. 复核排水点位置，判断其是否影响机器设备归位；

b. 排水地漏不可与柜体横竖立板冲突，避免影响操作及检修；

c. 扫地机器人宜与洗衣机、微洗机邻近布置，可共用给水排水点，经济实用且节省空间

1 洗手盆（冷、热水）给水点

a. 给水点高度不可与浴室柜横竖层板及抽屉冲突，避免影响操作及检修；

b. 给水点高度不可与地暖集水器、墙排水管、插座及等电点位接线盒冲突

2 洗手盆排水（墙排）

墙排水管位置不可与备用插座及等电点位接线盒相互冲突

2. 坐便器区给水排水点位

（1）坐便器墙排污口

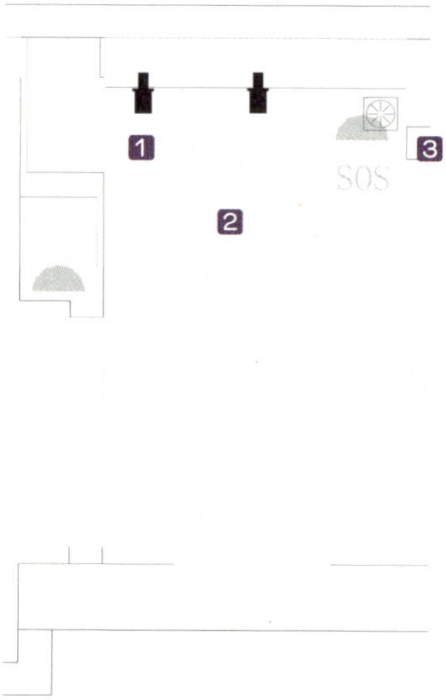

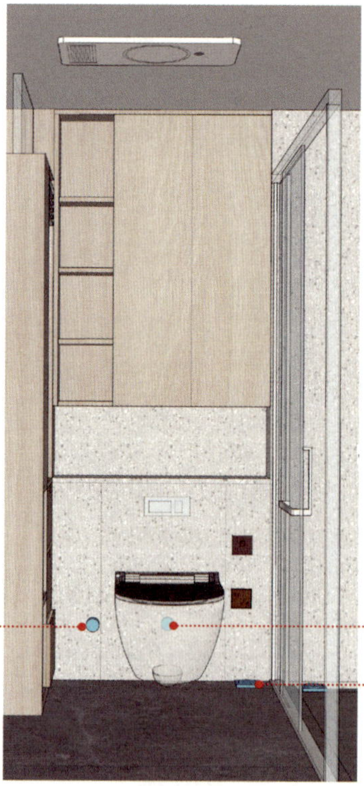

1 坐便器、清洁喷枪给水点

a. 复核坐便器规格选型，判断清洁喷枪给水点距排污口净距，避免与坐便器冲突；

b. 复核坐便器规格选型，判断给水点距排污口净距离，避免与坐便器冲突

2 坐便器墙排污口

如果是墙排水坐便器，则需复核墙面结构承载。若需新砌墙垛，则应确保通行宽度，以免影响门扇开启

3 备用排水地漏

考虑墙体完成面厚度及墙身造型，避免装饰面遮挡地漏，影响排水及检修

（2）坐便器地排污口

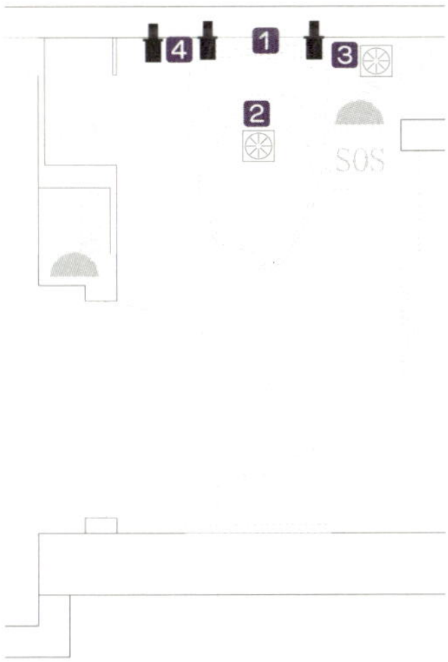

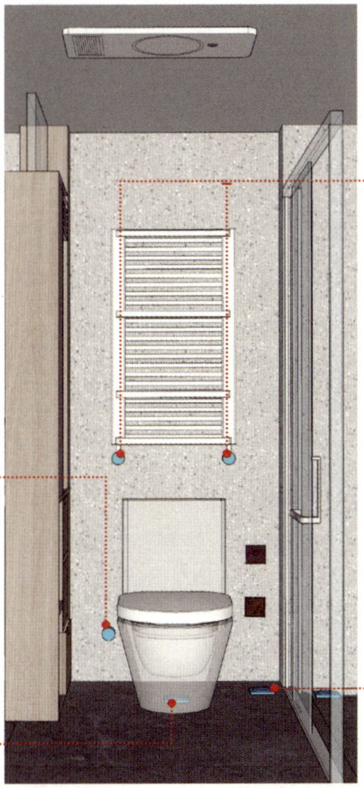

1 墙身背篓式暖气片给水点

a. 复核坐便器背篓式暖气片墙面出水点高度，判断其是否与坐便器盖开启时碰撞冲突；

b. 复核坐便器背篓式暖气片出水点间距，匹配接驳口，确保正位垂直衔接

4 坐便器、清洁喷枪给水点

复核坐便器规格选型，以及清洁喷枪给水点距排污口净距离，避免给水点与坐便器产生冲突

3 备用排水地漏

考虑墙体完成面厚度及墙身造型，避免装饰面遮挡地漏，影响排水及检修

2 坐便器地排污口

复核墙体完成面厚度，如果占用太多空间，则会影响地排污口对位

3. 淋浴区给水排水点位

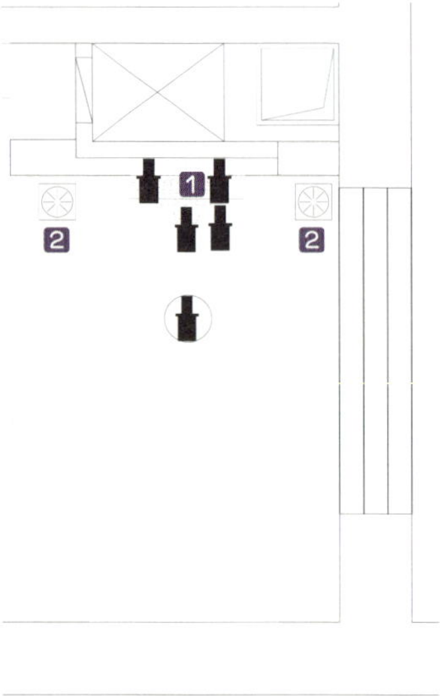

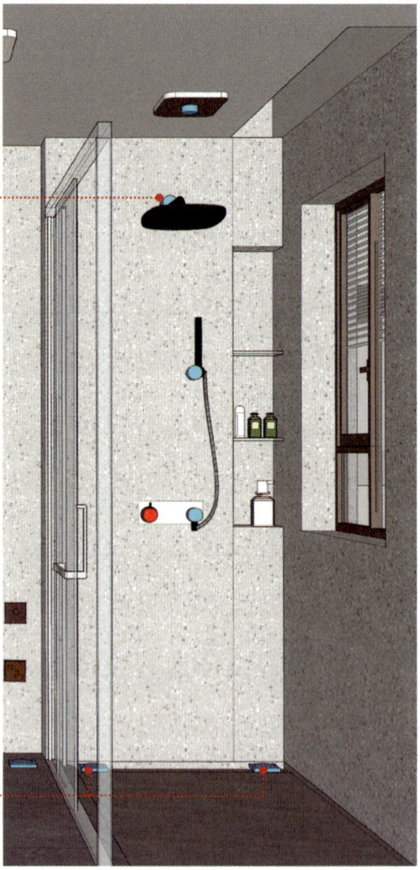

1 淋浴花洒给水点

a. 确认花洒混水器的安装方式（暗埋混水器、明装混水器），如果是暗埋混水器，则需判断墙体厚度，看是否有穿透问题；

b. 如果采用顶喷花洒，则需要核实花洒是否与天花板上的照明灯具位置冲突；

c. 复核水管井检修口位置及高度，避免其与花洒控制阀冲突

2 淋浴区地漏

a. 地面铺装是否往排水地漏方向找坡；

b. 复核地漏排水孔位置及墙体完成面厚度，确保地漏不被遮挡

4. 电热水器给水点位

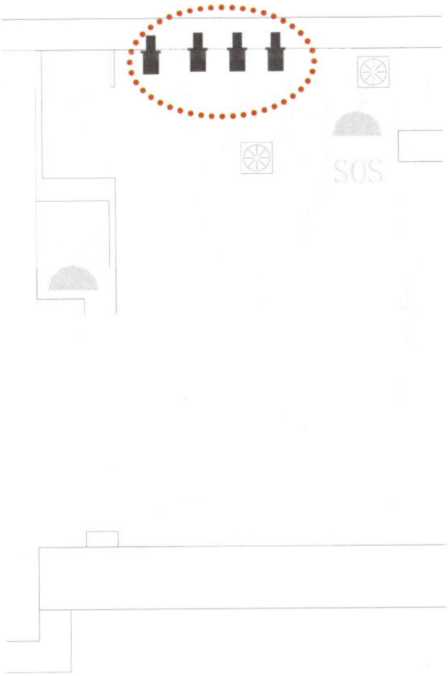

电热水器给水点位

a. 给水点高度与电热水器选型是否相匹配，冷热水口宜隐藏在设备后方，水管不外漏更美观；

b. 对照图纸，判断给水点与电源插座管线排布的位置关系，避免加固螺栓时破坏穿线，造成短路；

c. 是否预留暗藏导水管，方便排气阀里的水导流，避免外流浸湿地面

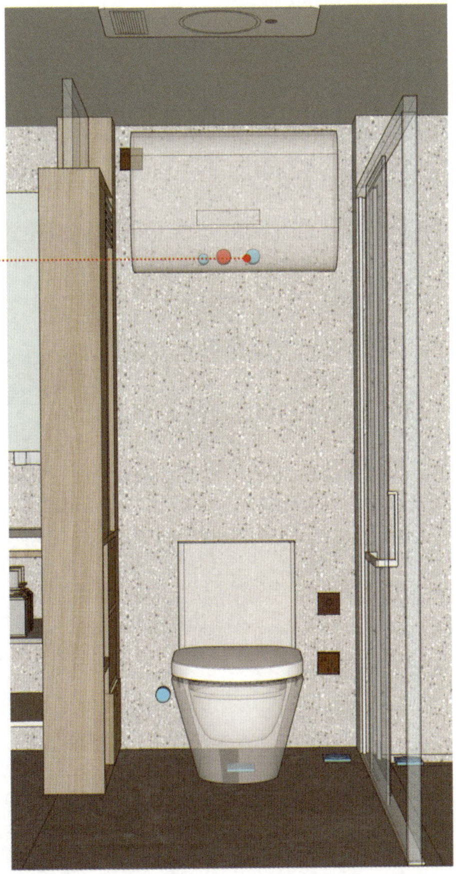

5. 浴缸区给水排水点位

1 浴缸给水点位

确定浴缸选型，复核给水点形式（墙出水龙头、一体式浴缸、内嵌式缸边水龙头、独立柱龙头），确保给水点位与浴缸相匹配；

2 浴缸排水点位

排水地漏与浴缸是否匹配，确保衔接顺畅

其他给水排水末端点位设计

1. 独立梳妆台、水吧给水排水点位

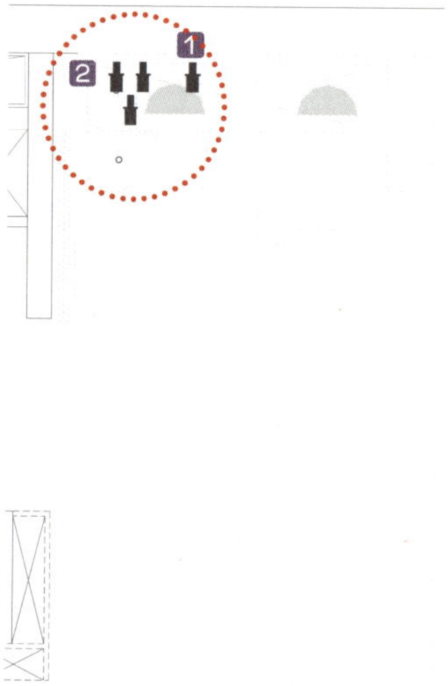

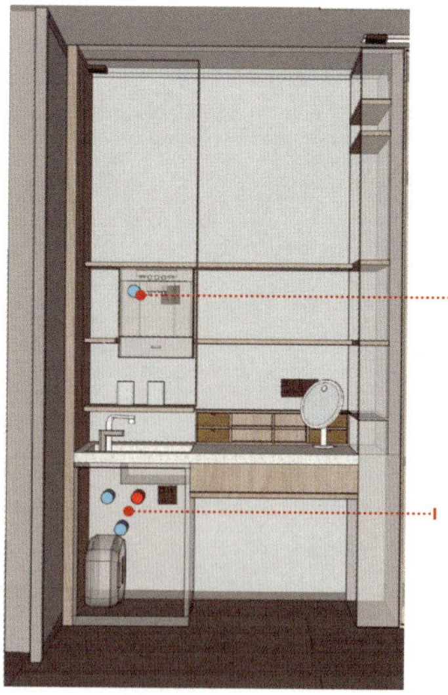

1 主卧迷你水吧管线机直饮水点位

a. 查看出水点与净水器距离是否过长，距离过长会影响出水效果，通常不超过 10 m；

b. 复核管线机规格，判断是否存在出水点与插座冲突的问题

2 梳妆台清洁盆

a. 查看梳妆台位置，宜设置独立梳妆水盆，以满足化妆、卸妆用水需求（不建议设置在卫生间）；

b. 卧室通常远离厨房，为了方便夜间喝水，可考虑预留迷你水吧、静音小冰箱等，提升居住体验

2. 暖气片采暖场景给水排水点位

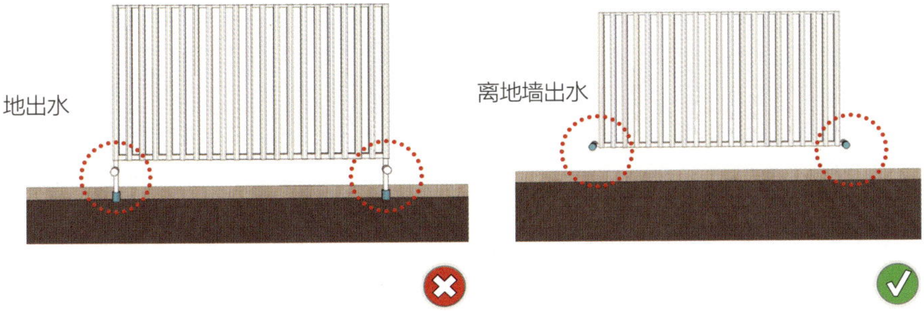

墙身暖气片给水点

a. 暖气片墙出水接口距地高度要合理，避免拖地时碰到阀门，或影响扫地机器人工作；

b. 注意地出水接口的关联性，以免造成地面铺装衔接难于收口及阻碍清洁，形成卫生死角；

c. 复核暖气片连接口位置，查看展开立面是否对邻近部品有影响，比如遮挡墙面插座、覆盖空调孔、与卫生间浴巾架高度冲突等；

d. 合理布管，避免在建筑外墙内壁上和承重墙上开槽，以免影响暖气片的传热性能和墙体结构的稳定性

3. 太阳能热水器场景给水排水点位

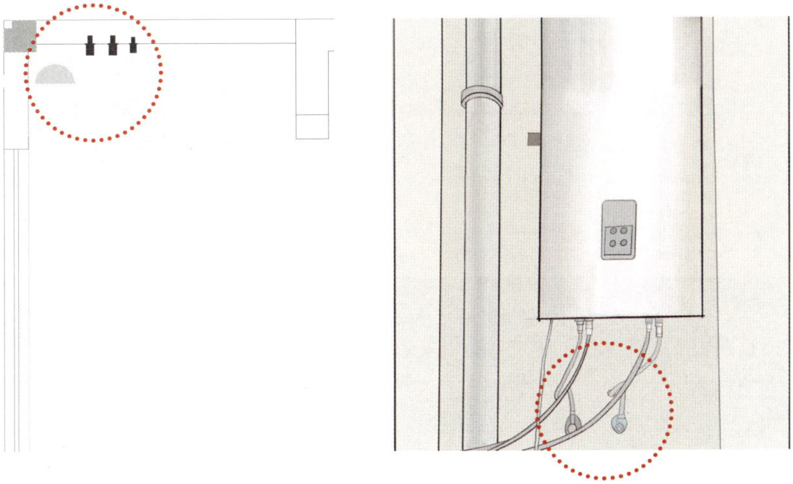

太阳能热水器给水点位

a. 复核热水器选型，判断给水点高度，避免设备安装间冲突；

b. 对照图纸，判断给水出水点与插座的位置关系，避免加固螺栓时破坏穿线，造成短路；

c. 考虑是否预留暗藏导水管，以方便排气阀里的水导流，避免外流浸湿地面

全屋净水布局示意图

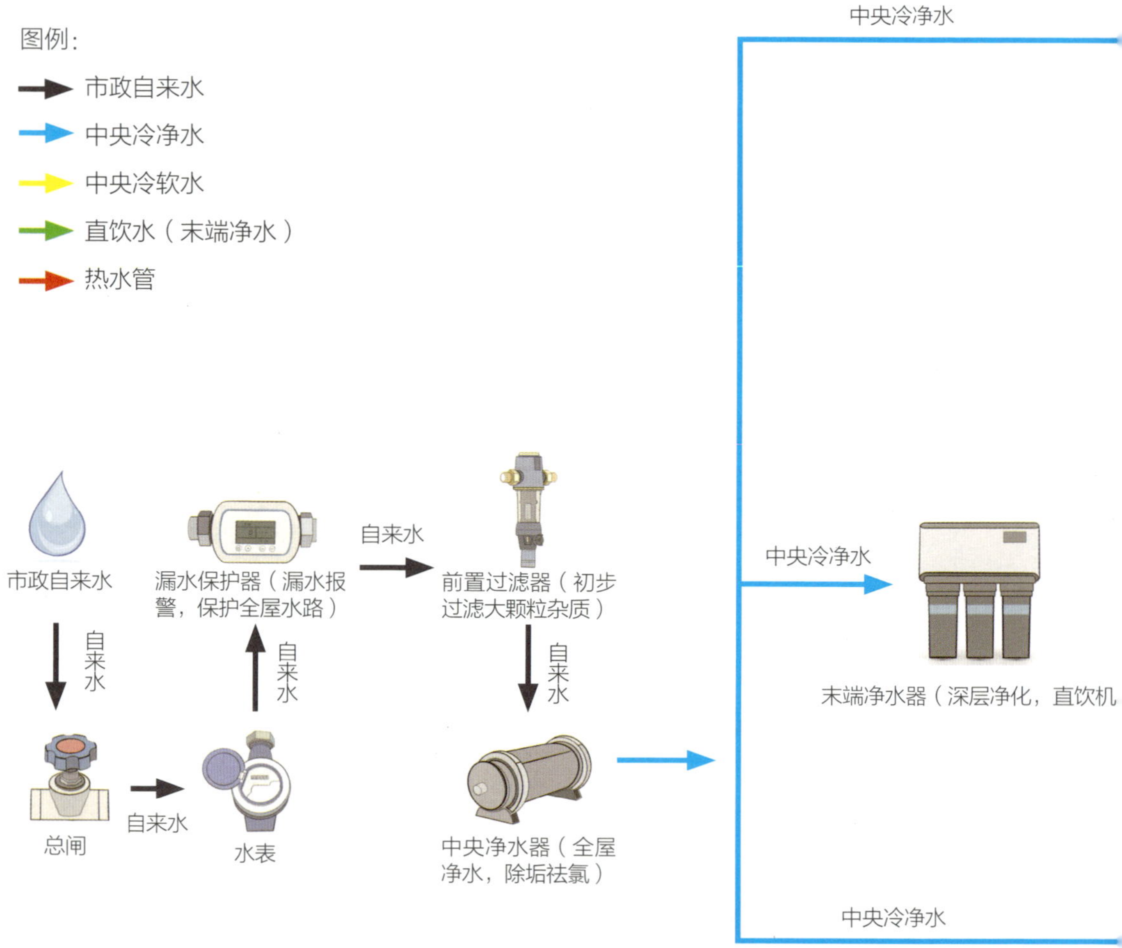

小贴士

根据实际需求预留其他末端设备，避免因遗漏反复拆改和多留造成浪费；本图为全屋净水布局示意，具体实施均需依据给水排水系统专业设计图纸。

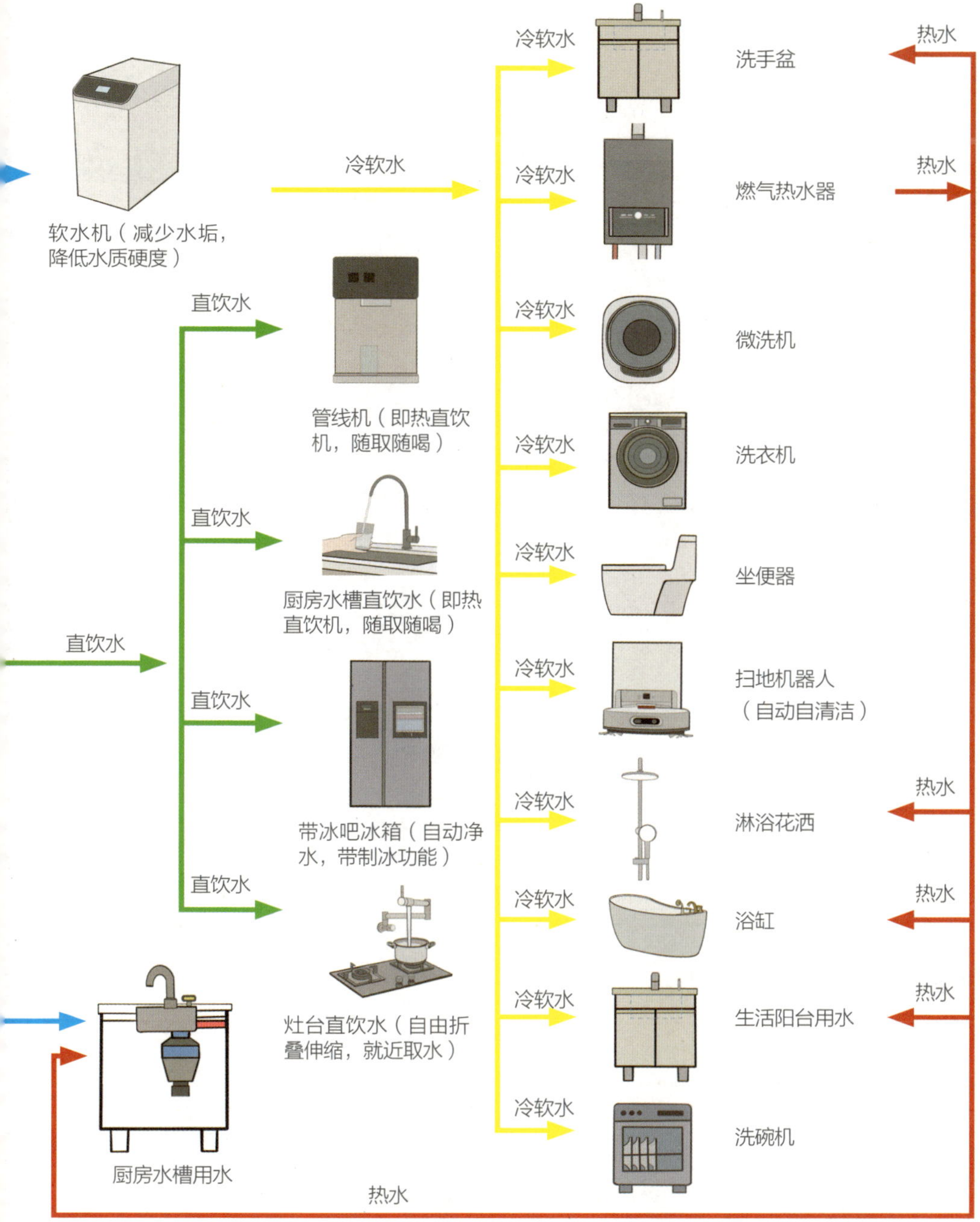
软水机（减少水垢，降低水质硬度）
冷软水
直饮水
直饮水
管线机（即热直饮机，随取随喝）
直饮水
厨房水槽直饮水（即热直饮机，随取随喝）
直饮水
直饮水
带冰吧冰箱（自动净水，带制冰功能）
直饮水
灶台直饮水（自由折叠伸缩，就近取水）
厨房水槽用水
热水
冷软水
洗手盆
冷软水
燃气热水器
冷软水
微洗机
冷软水
洗衣机
冷软水
坐便器
冷软水
扫地机器人（自动自清洁）
冷软水
淋浴花洒
冷软水
浴缸
冷软水
生活阳台用水
冷软水
洗碗机
热水
热水
热水
热水
热水

5

适老化、适幼化和适宠化精细化设计

5.1 适老化设计

适老化设计常见问题及功能需求清单

常见问题

- □ 1. **存在高差：**地面有高差和门槛，容易发生磕绊危险。
- □ 2. **无扶手：**行走不稳定。
- □ 3. **噪声大：**门窗隔声效果不好，噪声大。
- □ 4. **应急问题：**发生意外时紧急求助呼叫难。
- □ 5. **照明设计不合理：** 室内自然采光不足和照明设计不合理。
- □ 6. **空间局促：**厨卫空间局促，使用不便。
- □ 7. **门窗使用不便：**门窗开启时容易磕碰且操作困难。
- □ 8. **防滑性差：**地面过于光亮，防滑性差，存在眩光问题。
- □ 9. **安全问题：**存在生活用水、用电、用气安全问题。
- □ 10. **温差大：**存在淋浴水忽冷忽热问题。

小贴士

随着人口老龄化的加剧，家居适老化设计显得愈发重要。适老化设计应从安全、舒适、便捷等角度出发，完全站在老年人的角度考虑设计，关注其生理需求和心理需求，用设计帮助老人解决居住问题，提升居家养老的质量。

常见功能需求清单

- □ 1. **弹性护角**（防撞护角，防磕碰划伤）
- □ 2. **安全扶手**（辅助起身，行走抓握）
- □ 3. **醒目标识**
- □ 4. **强调照明**
- □ 5. **换鞋凳**
- □ 6. **防撞全身镜**
- □ 7. **开放式挂衣区**（易识别）
- □ 8. **门槛去高差**（避免磕绊）
- □ 9. **下压式门把手**（方便操作）
- □ 10. **手杖挂钩**
- □ 11. **防眩光**（泛光照明）
- □ 12. **入户小夜灯**（根据人体感应自动开启）
- □ 13. **声光震动门铃**（助听）
- □ 14. **轮椅备用电源**（满足旋转半径，方便灵活转身）
- □ 15. **可视对讲门铃**（考虑低位安装，方便老人坐轮椅时使用）
- □ 16. **感应灯具**（人走灯灭，自动智能照明）
- □ 17. **低位开关**（方便坐在轮椅上的老人操控）
- □ 18. **高度适宜的插座**
- □ 19. **电动窗帘**
- □ 20. **电动晾衣架**
- □ 21. **推拉门**（方便开启，增加通行净宽）
- □ 22. **恒温龙头**
- □ 23. **多功能显示屏**（显示时间、天气、温度）
- □ 24. **淋浴帘**（考虑辅助护理所需空间）
- □ 25. **淋浴凳**（避免滑倒，提高安全性）
- □ 26. **电动护理床**（辅助护理起身）
- □ 27. **高度适宜的厨房台面**（方便坐轮椅时操作）

☐ 28. **操作台内嵌**（预留凹位，方便轮椅旋转及预留容膝空间）
☐ 29. **中部柜**（方便取放物品）
☐ 30. **智能监控**（可远程看护）
☐ 31. **高位观察窗**（通过高位窗，判断房间内部情况）
☐ 32. **全龄友好设计**（考虑条件预留）

小贴士

全龄友好设计需考虑到轻体隔墙的情况。通常，轻体隔墙无法满足扶手安装受力，因此可提前预埋加固构件，以满足后续加装的需求，减少拆除重装的烦恼。

适老化设计口诀

地面防滑无高差（解决地面防滑、高差和门槛磕绊的问题）；
安全助行扶手把（解决起身无抓扶、行走不稳的问题）；
部品弧角防挂划（解决磕碰问题，空间构造及软装部品避免有坚硬锐角）；
意外求助信号发（解决发生意外时紧急呼叫和及时求助的问题）；
生活无忧智能化（无感监测，安全智能，让老人生活更方便）；
通透采光音视佳（空间通透，自然采光充足，方便视线、言语交流）；
路径畅通空间大（满足老人坐轮椅时通行及护理照看的需求）；
操作识别易观察（考虑老人视力、记忆力减弱的现象，应让使用功能易识别）；
换季藏品多收纳（满足老人喜欢收藏物品的需求，预留独立储物空间）。

1. 地面防滑无高差

房间有高差，通行不畅，有安全隐患。

高差类型

序号	高差类型
1	入户门槛高差 （可通过拆除、内嵌门槛及设置防滑斜坡垫规避）
2	卫生间（家政间）门槛、挡水高差
3	阳台门槛、挡水高差
4	厨房门槛高差
5	庭院（露台）门槛高差
6	房间门（过门石、收边条）凸起高差

（1）考虑无障碍通行

采用无下槛门扇，可设置自动下压密封条，确保防尘、隔声。

升降式密封条

（2）确保安全通行

优化已有的门槛高差，可通过铺设防滑斜坡垫，避免磕绊。

设置防滑斜坡垫，避免磕绊

（3）统筹安排

比如在地面嵌入底框时需查看地面是否有地暖、水电管线，避免与管线冲突。

2. 安全助行扶手把

扶手类型应匹配空间特点，确保耐污、防滑、防水、易清洁、易抓握。

扶手类型及作用

序号	扶手类型	作用	图示
1	纵向扶手	辅助老人起身：比如门旁站稳扶手，供老人开门时抓握，使老人站立更稳定，防止门扇惯性开启时造成突然性的晃动拉拽；又比如换鞋区的起身扶手，辅助老人在玄关换鞋时平稳起身	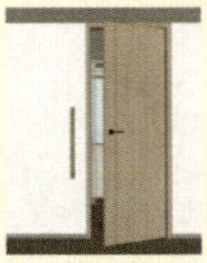
2	L 形扶手	既可助力老人起身，又可辅助平稳行走，比如淋浴区扶手，供老人坐姿淋浴起身时抓握	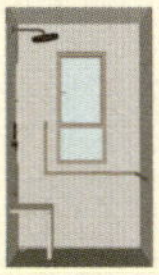
3	横向扶手	辅助老人在家中行走，确保安全性，比如厨房操作台横向扶手，辅助老人抓握，助力行走	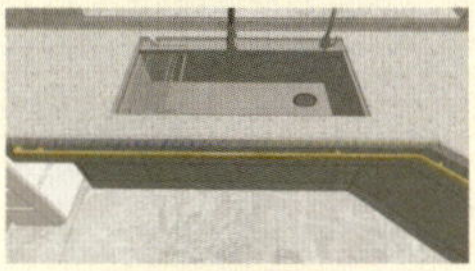
4	折叠式扶手	使用灵活，可根据需求收起或放下。比如卫生间坐便器两侧无墙体时，适合安装折叠扶手，使用时放下来，帮助老人起身；不用时收起，不占用空间	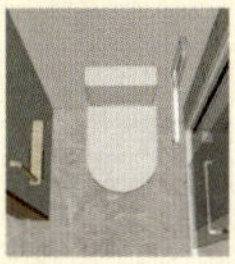
5	平板式扶手	适用于握力不足，无法抓握圆柱形扶手的情况，可满足老人行走时支撑手掌和臂力的需求	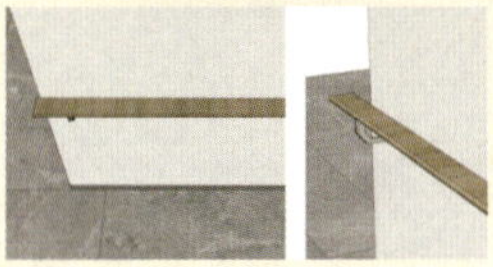

（1）以人为本

扶手形式应顾虑老人不服老的心理感受，灵活设置。

（2）稳固承载

复核墙体结构，避免空心墙无法受力、固定不牢固的问题。

3. 部品弧角防挂划

考虑老人视力下降及手臂力量减弱的现象，设计及物料选用时，应充分考虑使用的便利性。球形锁旋转开启易打滑，隐形式五金及工艺凹槽拉手等不易识别，不推荐使用。

（1）圆弧角

墙体、家具柜体等部品无尖角，避免跌倒触碰，造成划伤。

（2）弹性护角

对已有墙体、家具、柜体尖角，可在阳角处做弹性圆护角，避免意外划伤。

（3）防刮划

使用 U 形五金部品，侧端圆润，不用担心被划伤。

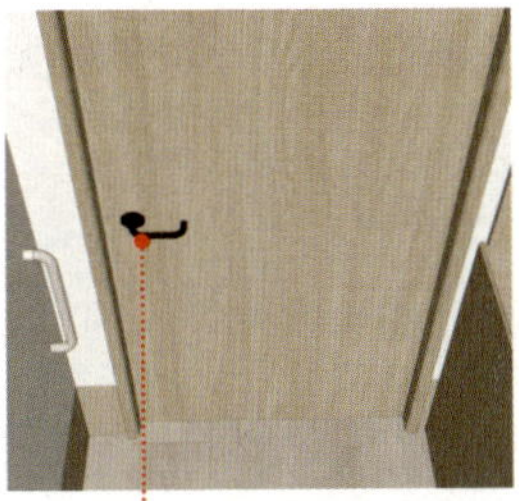

U 形圆润把手，防刮划

（4）防钩挂

安全扶手端头宜带弧角及闭环安装，防止钩挂衣物造成通行障碍。

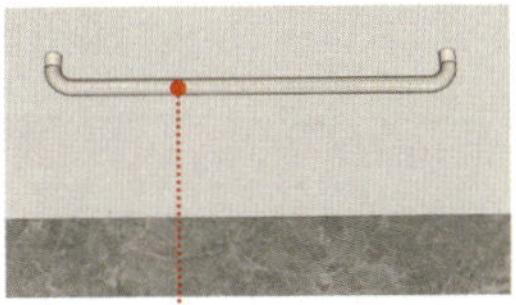

安全扶手端头闭环，防止钩挂衣物

4. 意外求助信号发

（1）语音声控

语音呼唤求助器通过语音智能发起紧急求助，方便高效。

（2）物理触发

紧急按钮一键就能求助，满足多维度紧急呼叫需求，比如在床边、坐便器旁设置带拉绳的紧急报警器等。

（3）无感探测

空间设置无感知安全监测，活动异常时，人体感应器自动提示报警。

（4）数据传输

远程数据联动监测，比如通过监控智能水表的水流情况，辅助判断生活用水状况。

5. 生活无忧智能化

全屋智能化为专项系统，比如智能音乐系统、智能调光系统、智能新风系统等，应按需求专项设计，提前做好预留。

全屋智能的类型及作用

序号	智能类型	作用
1	智能照明	傍晚归家，玄关灯自动开启（门磁感应、红外感应等），不摸黑
2	智能家电	可通过语音助手操控窗帘、电视机、扫地机器人等
3	智能坐便器	可自动加热、冲水、清洁、杀菌，免去不必要的劳作
4	安全探测	例如安装水浸传感器、燃气报警器，智能探测识别，及时自动闭水、断气等
5	智能光电	老人通常听觉不好，可能听不到敲门声、门铃声，可通过光电提示器辅助识别
6	智能门磁	长时间没有开门动作或冰箱门未关紧时，设备会自动报警，提示使用

6. 通透采光音视佳

（1）空气对流

规划合理的自然空气对流，减少挡风面，创造通风条件，保证各空间的空气对流，比如优化门窗位置。

（2）光线通透

考虑老人视力下降，可采用通透隔断、半高墙、门窗洞口等形式，疏导自然光。

（3）声音穿透

为了便于和老人交流，可采用开敞空间、展柜隔断、音视频对讲系统等形式，加强各空间声音交流。

（4）视线通透

为了便于看护，可采用反射镜面、透明隔断、开敞空间、门窗洞口等形式，加强各空间的视线交流。

7. 路径畅通空间大

设计基于通畅原则，家具应易于移动， 以最大限度保障室内畅通无阻；做到分床布置条件预留［护理床、陪护床（可暗藏）等］。

（1）空间畅通

满足轮椅旋转通行的半径需求，满足看护辅助工具的通行需求。

（2）确保净宽尺寸

确保门的通行净宽，方便护理担架进出，避免门扇、门把手凸起造成障碍，影响通行。厨房、卫生间等面积较为紧凑的空间，宜使用推拉门，便于进出。

（3）动线通畅

强调各空间的灵动性，满足老人在家活动及通行的便利性。

（4）路径通达

洗手台尽量外置，做到干湿分离，洗漱时不用进卫生间，便于看护。

8. 操作识别易观察

（1）便于操作

侧重使用的便利性，比如消除隐形把手、小按键面板等不易被老人识别的元素。确保开关、插座高度易操作，减少被家具遮挡及弯腰、抬臂操作造成的困扰。避免出现老人必须登高、频繁蹲起或通过腾挪家具才能使用的现象。

（2）易于识别

确保空间亮度均匀，减少聚光照明，避免产生眩光，便于识别观察。电视机可设置旋转支架，方便老人在不同位置观看。多设计一些开放式置物台，方便老人查找及随手取放物品。

9. 换季藏品多收纳

换季收纳，应遵循实用性原则。收纳主要分为三类：集中收纳、分散收纳和展示性收纳。

适老化精细化设计场景解析

开关、插座末端定位

①考虑老人使用的便利性，需避免频繁弯腰蹲起动作，且要便于轮椅使用者操作；

②开关、插座不被邻近家具遮挡，避免腾挪家具带来的困扰；

③考虑到老人视力减弱，开关颜色宜与邻近墙面颜色区分开，开关上宜设置鲜明的文字指引，方便老人准确识别控制；

④多点控制，比如采用多联多控方式，老人可以通过多个开关同时控制同一处照明，方便在最短的步行距离内控制设备开关

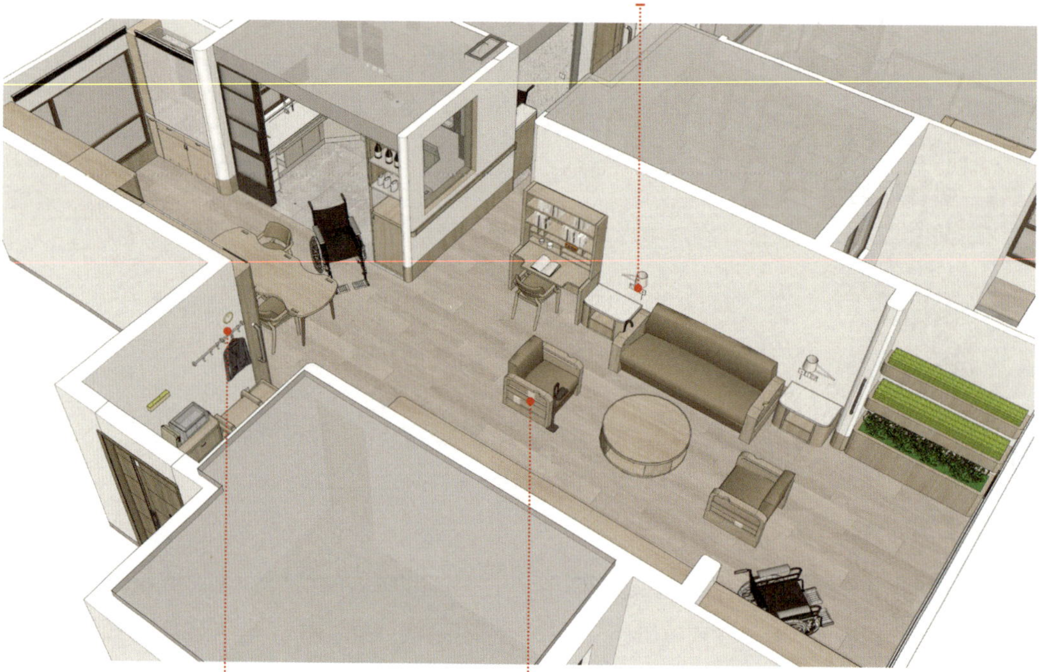

声光门铃

考虑到老人听力减弱，设置声光门铃，在沙发位置可以直视观察

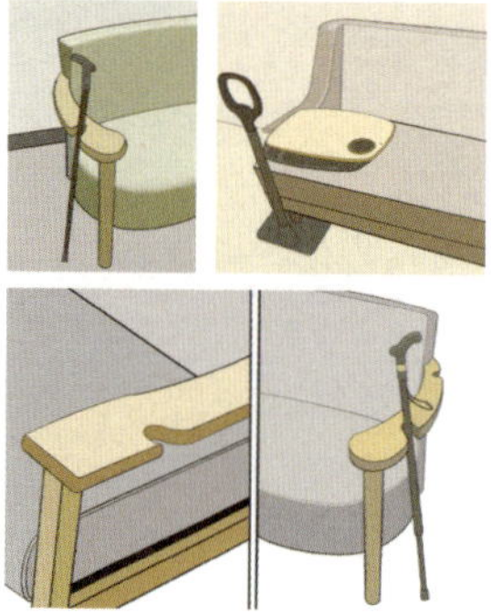

适老化沙发

①匹配老人的身体特征，判断座面坐深，避免入座时身体太靠后，保证腰背部得到有效支撑的同时方便老人落脚、起身；

②沙发扶手采用环抱式，双臂置放更舒适，入座时易抓握，起身时可有效抓握借力，减少膝盖用力，起到辅助作用；

③注重功能性：

a. 安全手把，便于老人起身时抓握；

b. 旋转桌，就近放置水杯、书籍等，为日常生活提供便利；

c. 手杖卡位，方便起落座时邻近取放；

d. 沙发靠背采用抓手设计，助力老人行走时抓握

适老化玄关柜

①为了方便老人使用，玄关柜高度宜控制在 850 mm 左右，可轻松取放物品，避免登高、探高带来的困扰；

②临近鞋柜放置换鞋凳，方便老人坐着换鞋；

③感应照明，傍晚回家玄关灯自动开启，回家不摸黑；

④易识别，采用开放格及挂钩收纳设计，方便老人取放物品；

⑤考虑雨伞沥水架及手杖卡位功能设计

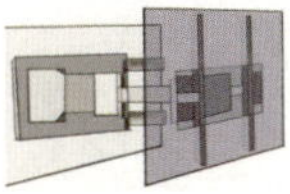

电视机支架

可曲臂伸缩，方便老人在不同位置看电视

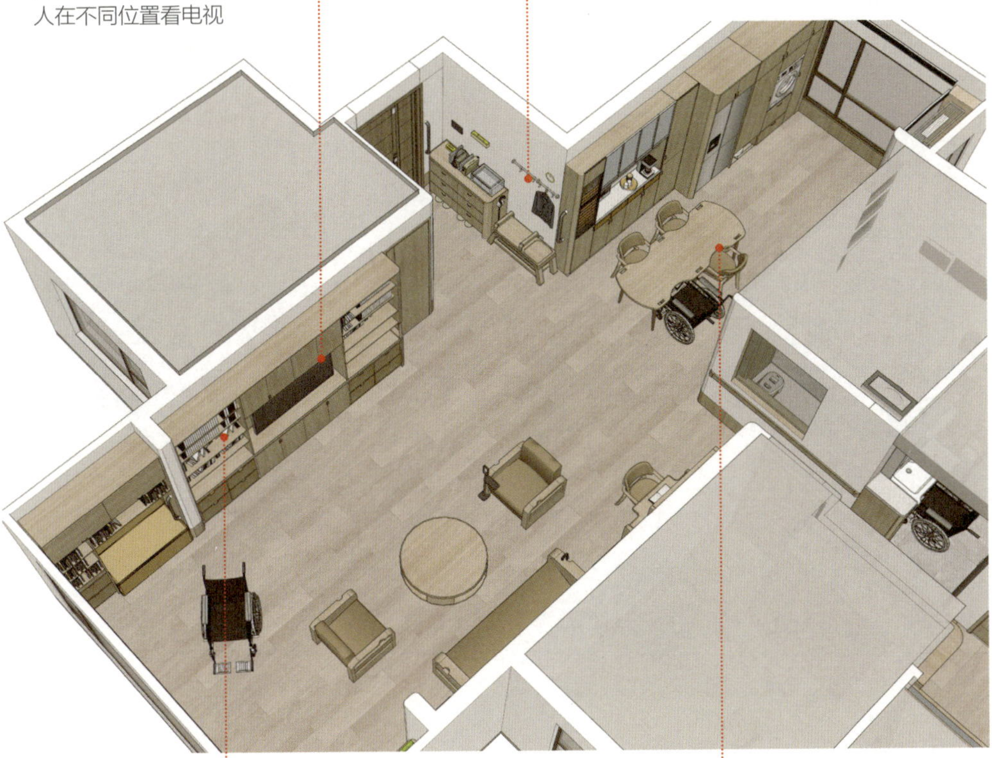

收纳储藏

考虑到老人都有收藏旧物的生活习惯，应设置满足其需要的储物空间

适老化餐桌椅

①考虑拉伸，轻松将椅子推进桌下，节省空间，使身体贴近凹凸桌面，就餐时方便够到整个桌面；

②半肘扶手，方便老人活动下肢、移动座椅，减少护理负担；

③椅背带隐形抓手，便于老人抓握移动；

④使用耐磨软垫，需考虑防水、耐污、易清洗

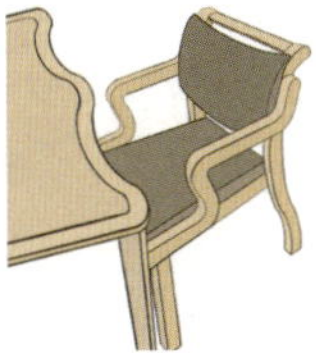

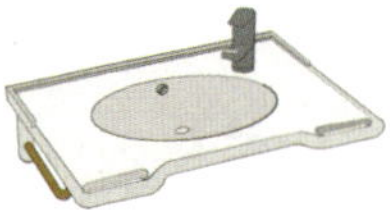

洗手台

双孔设计，方便老人控制水龙头，水龙头可设置在台盆侧边，有利于近距离操作

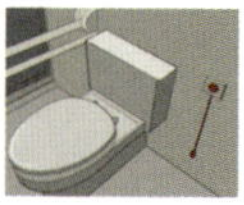

全方位紧急呼叫系统（有线和无线）

遇到紧急状况时，可通过智能语音和物理触控方式紧急呼叫，系统通知，收到报警，进而提供紧急帮助

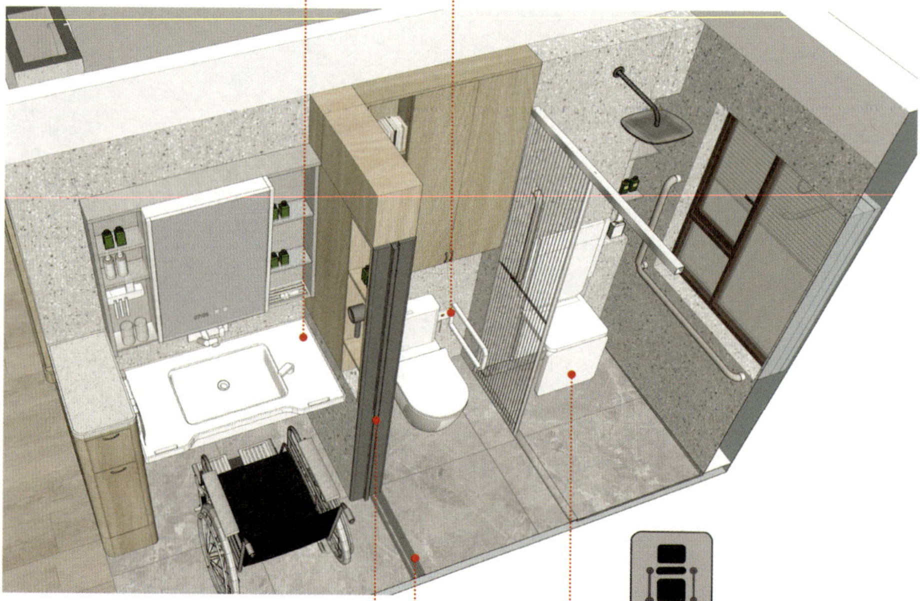

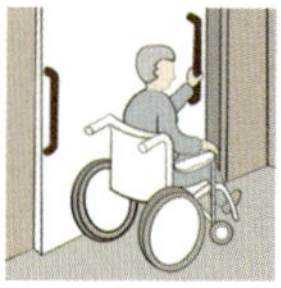

推拉门

确保通道净宽，方便老人坐在轮椅上旋转通行，设置阻尼缓冲防撞，减少噪声，避免夹手

门槛无高差，防磕绊

设置断水地漏，确保排水不外溢，避免滑倒

适老化淋浴间

①坐式淋浴：考虑到老人体力减弱，设置专用洗澡座椅，节省体力；

②连贯性扶手设计注意点：

a. 确保扶手端头弧形内弯贴墙闭合，避免磕碰及钩挂衣物等；

b. 双扶手设置，抓握时不宜临空，辅助老人如厕淋浴时安全操作；

c. 防滑地面，减少拼接缝，便于清洁；

d. 设置排水格栅，排水找坡不积水，无高差，不磕绊

③淋浴间宜选用浴帘类柔性隔断，确保空间的灵活性；

④花洒开关应便于老人识别操作

适老化工作桌选型

①桌面两侧留弧形凹位，有利于轮椅及座椅扶手靠近，使老人坐在座椅上能够到整个桌面，有效扩大坐在轮椅上的老人的使用范围；

②桌面周边预留适当的弧形凸起反沿设计，防止桌面物品滚落；

③选择合适的灯具，比如采用台灯，可在桌面预留穿孔，方便台灯接电穿线；

④确保家具的稳固性，台面扶手应便于老人靠近桌面时抓握；

⑤避免尖角造型，防止老人转身磕碰；

⑥开关、插座应避免被遮挡或与台面冲突，影响正常操作

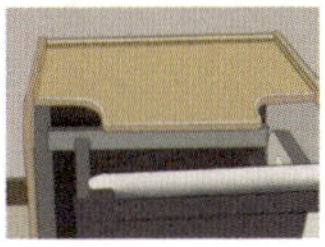

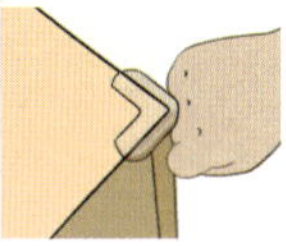

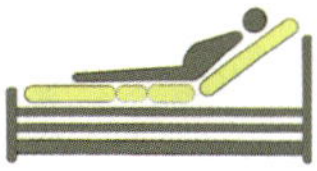

电动起身器

带起背功能，减轻家人护理的难度；智能操控，协助老人安全起身

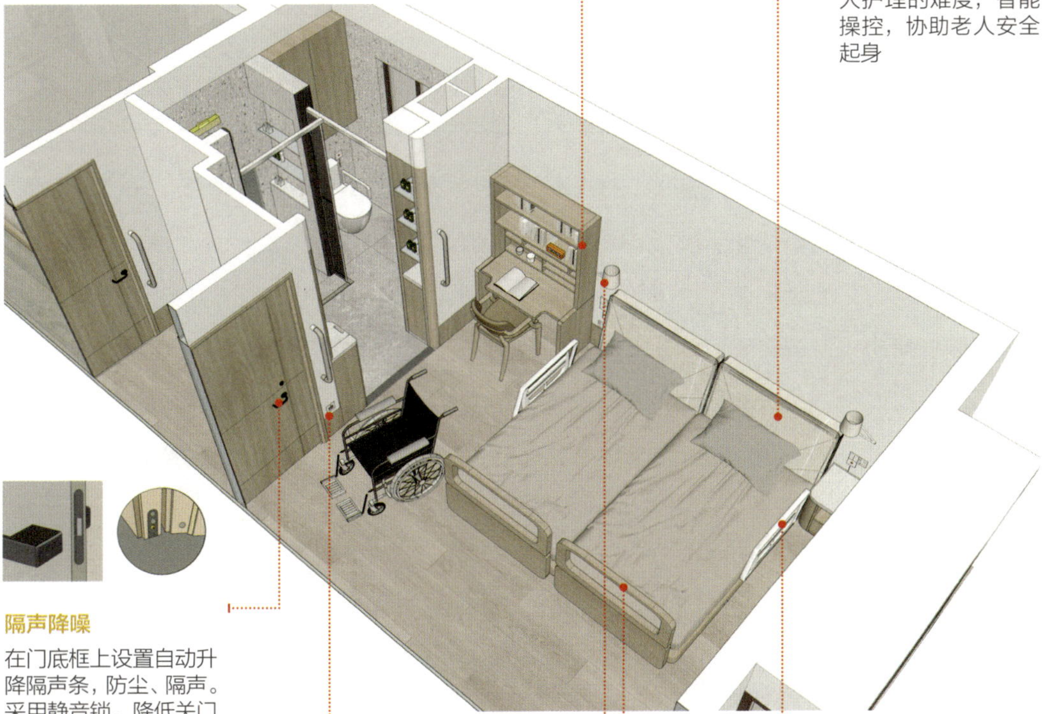

隔声降噪

在门底框上设置自动升降隔声条，防尘、隔声。采用静音锁，降低关门噪声，避免锁舌突出造成磕碰

小夜灯

保障起夜安全

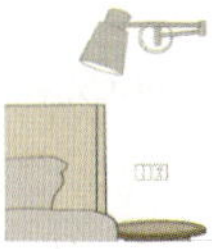

床头屈臂灯具

可伸缩，满足阅读照明及辅助照明

床尾扶手

助力老人抓握行走

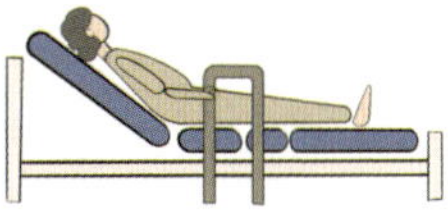

床边把手

床侧、床尾可抓扶，帮助老人起身移动，减轻护理强度

5.2 适幼化设计

适幼化设计常见问题及功能需求清单

常见问题

☐ 1. **夹手问题：**孩子活泼好动，调皮玩转门时易夹手；风吹门扇不受控制时也易撞伤、夹伤小孩。

☐ 2. **噪声问题：**进出房间时开关门产生的噪声，会影响孩子睡觉。

☐ 3. **划伤问题：**突出的锁舌及尖锐的门把手易对孩子造成碰撞划伤。

☐ 4. **耐污问题：**涂画痕迹应便于清洗，宜使用耐污、耐水、可擦洗的材料。

☐ 5. **缠绕问题：**窗帘应无坠线、碎线，避免缠绕，可考虑升降帘、卷帘。

☐ 6. **全龄友好问题：**家具构造可灵活调节，确保实用，避免频繁更换，造成浪费。

常见功能需求清单

☐ 1. **DIY 擦写板**（满足儿童喜欢写画的天性）

☐ 2. **专属衣柜**（儿童可伸手操作）

☐ 3. **专属储物空间**（收纳婴儿车、儿童玩具等）

☐ 4. **儿童坐便器盖**（壁挂，就近取放）

☐ 5. **恒温花洒**（避免水温忽冷忽热，对皮肤造成不适感）

☐ 6. **面光灯**（考虑光源类型，避免躺卧时直视，产生眩光）

☐ 7. **弹性护角**（防止磕碰，确保安全性）

□ 8. **安全插座**（考虑安全性，防止儿童触摸）

□ 9. **缓冲阻尼铰链**（减少噪声，防止夹手）

□ 10. **静音门锁**（噪声低）

□ 11. **分体锁**（锁体高低位分置，避免意外反锁）

□ 12. **门磁开关**（对门窗开启进行管理，异常会报警）

□ 13. **门扇安全链**（设置开启角度，防止孩子意外外出）

□ 14. **淋浴凳**（方便孩子坐着洗漱）

□ 15. **低位开关**（适合孩子随手操控）

适幼化精细化设计要点

1. 门窗部品设计要点

门窗部品设计要点

项目	设计要点
门锁	①防夹手：设置限位器，防止突然关门时夹到手； ②防刮伤：磁吸门锁隐藏锁舌，避免儿童在奔跑时被锁舌刮伤； ③防噪声：配置静音直推锁及静音条，避免产生噪声，影响孩子休息； ④防反锁：对已有把手锁，可设置防反锁卡扣，避免儿童被反锁；将分体锁布置于高位，防止儿童触控； ⑤防外出：在门扇上设置安全扣，限制开启角度，避免儿童独自外出
窗户	①开窗扇应设置防护角，避免磕碰； ②设置防护措施，确保儿童安全，避免攀爬、玩耍坠落

2. 装饰材料及工艺设计要点

（1）考虑易碎性

尽量不使用玻璃和镜子等易碎装饰材料，避免意外磕碰，造成划伤。

（2）双重防护

设置防爆膜、防护板或进行钢化夹胶处理，降低受伤风险。

（3）融入防撞工艺

通过对穿衣镜进行隐藏、折叠、推拉暗藏等处理，减少磕碰。

（4）弹性护角

阳角宜做弧形工艺，对已有直角设置弹性护角。

3. 适幼化家具、配饰设计注意点

（1）设置防护角

选用圆弧角家具、五金部品，降低儿童活动时的磕碰风险。为已有家具部品的直角设置弹力护角，加强防护。

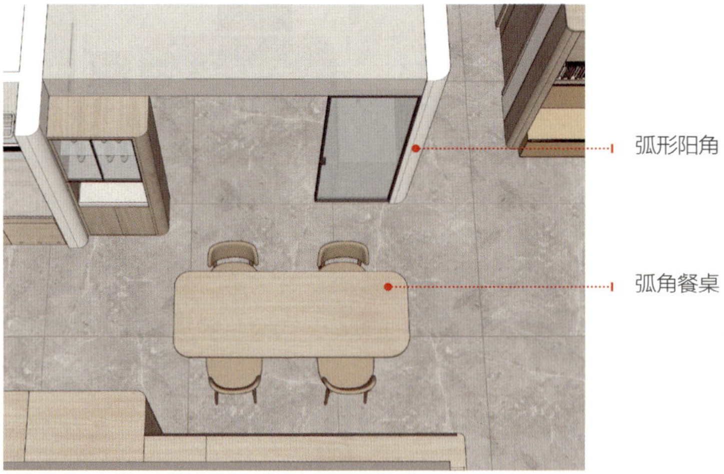

（2）增强稳定性

考虑家具饰品构造及稳定性，应避免让孩子攀爬，以免造成倾倒。抽屉防脱落，避免抽屉坠地对孩子造成伤害。避免使用尖锐的五金拉手，以免划伤孩子。家具不宜带玻璃等易碎材料 。

（3）防磕绊

不宜设置落地灯，避免接线缠绕磕绊孩子，造成跌倒、砸伤风险。不宜设置柔性块毯，以免其起翘不平对孩子造成磕绊。

（4）防坠落

床头墙、沙发墙上不宜悬挂重物，避免儿童活动时碰撞，发生坠落砸伤孩子。

（5）富有主题性

使用儿童空间设计语言，突出适龄主题，引导自理能力。

（6）强调可塑性

注重儿童房各区域的精细化设计，包括睡眠区、学习区、娱乐角等，强调家具的可塑性。

儿童房各区域精细化设计

区域	设计要点
睡眠区	①婴儿期床宜靠墙摆放，以减少临空面，防止儿童爬行时坠地，便于看护； ②考虑儿童分床睡眠过渡的需求，可配置抽拉床、子母伸缩床、上下铺等； ③避开邻近窗扇，以免下雨时溅湿被褥，或开窗直吹，引起着凉问题
学习区	①预留伴读空间； ②设置足够的书柜，用于存放教材、课外书、奖状等； ③考虑自然光及防眩光，比如电脑正对窗户的话屏幕易反光，会影响孩子视力
娱乐角	预留适当的娱乐空间及手工台
收纳展示区	①尽量不设置开放格，避免儿童攀爬、磕碰物品，并可减少灰尘； ②衣柜功能构造考虑可变性，满足孩子不同成长期的使用需求
护理区	放置婴儿车，方便婴儿车灵活旋转移动

5.3 适宠化设计

适宠化设计常见问题及功能需求清单

常见问题

☐ 1. **看护问题：** 担心外出上班、出差时无人照顾宠物。

☐ 2. **开锁问题：** 常规压把手门锁易被宠物攀爬开启，会增加宠物外出丢失风险。

☐ 3. **攀爬问题：** 担心宠物攀爬，造成物品坠落。

☐ 4. **防滑问题：** 亮光地砖易导致宠物脚底打滑摔倒，不利于宠物活动。

☐ 5. **毛发问题：** 宠物常常脱落毛发，装修材料、家具应易清洁。

☐ 6. **异味问题：** 设置排风及空气流通设备，以保持室内空气清新。

☐ 7. **损坏问题：** 家具和墙地面材料应考虑耐用性，以免被宠物抓挠、啃咬损伤。

☐ 8. **隔声问题：** 宠物具有喜欢攀爬和抓挠的特性，宜做好隔声处理，以免宠物吵闹引发邻里矛盾。

常见功能需求清单

☐ 1. **智能喂食器：** 手机远程操控，定时定量投喂，健康养宠。

☐ 2. **智能全自动猫砂机：** 手机远程控制，杀菌除臭，自动清理。

☐ 3. **智能宠物饮水机：** 智能感应，储备干净水源。

☐ 4. **智能自由门：** 可调节开启方向，自由开门。

☐ 5. **智能烘干箱：** 智能定时烘干，减少人为烘干，以免被抓伤、烫伤。

☐ 6. **自动净味器：** 智能检测味道，自动开启负离子空气净化器。

□ **7. 紫外线除菌灯：**实时启动杀菌、消毒功能。

□ **8. 红外传感器：**智能监测宠物休息情况。

□ **9. 智能监控设备：**全景跟拍，实时监控房间动态。

适宠化家居精细化设计要点

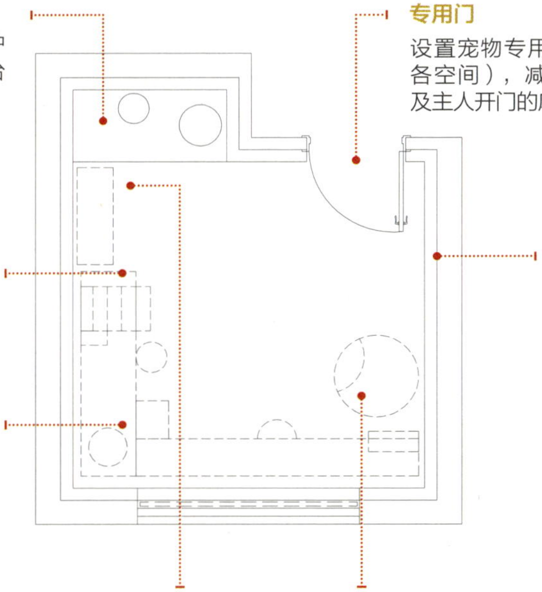

适宠化家居门窗精细化设计

1. 适宠化门锁的常见形式

适宠化门锁的常见形式

门锁形式	特点
卡位器	应给已有把手设置卡位器，防止宠物攀爬开锁
球形锁	开启较费力，易打滑，防止宠物开锁
指压锁	指压受力开启，防止宠物开锁，防刮伤、磕碰
直推锁	左右推力开启，防止宠物开锁，防刮伤、磕碰

2. 适宠化门窗设计要点

（1）设置安全锁扣

限定门扇开启角度，既可满足通风需求，又可防止宠物外出。

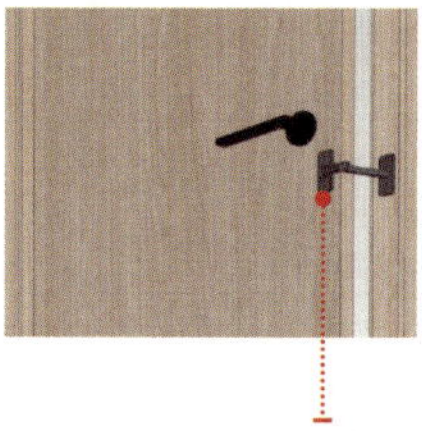

安全锁扣

（2）设置宠物围栏

防护栏不影响通风，同时还能灵活引导宠物进出。

（3）设置自由门

在室内门扇中预留宠物专属自由门，方便宠物进出，避免宠物被门扇夹撞。

宠物专属自由门

（4）厨房设门

厨房油烟易粘住毛发，避免宠物进入厨房。

（5）设置安全窗纱

防开启坚固锁扣，设置防抓窗纱保障安全。

适宠化家居装饰材料使用禁忌

适宠化家居装饰选材原则：耐抓、耐污、易清洁。

适宠化家居选材禁忌

序号	内容
禁忌 1	不宜使用木地板，地板缝隙易堆积毛发，需防止渗漏吸附
禁忌 2	不宜使用亮光砖，地砖太光滑，宠物容易打滑、磕碰
禁忌 3	墙面不宜采用壁纸、壁布，以免被宠物抓挠损伤
禁忌 4	不宜使用油漆面，木饰面及家具不宜烤漆，以免宠物抓挠

附录
精装房验收指南

精装房验收类别清单

- □ 1. 安装项
- □ 2. 水路项
- □ 3. 电路项
- □ 4. 瓦工项
- □ 5. 木工项
- □ 6. 油漆项

精装房验收清单

- □ 1. 防盗门
- □ 2. 室内木门、厨卫门
- □ 3. 空调挂机或中央空调
- □ 4. 地暖或暖气片
- □ 5. 窗户
- □ 6. 新风系统
- □ 7. 电动窗帘
- □ 8. 电动晾衣架
- □ 9. 墙面（墙砖、乳胶漆、壁纸、木饰面等）
- □ 10. 燃气热水器
- □ 11. 太阳能热水器
- □ 12. 电热水器
- □ 13. 坐便器（智能坐便器）
- □ 14. 定制柜（橱柜、玄关柜、衣柜等）

☐ 15. **地面**（地砖、木地板、过门石、窗台石等）

☐ 16. **净水机、管线饮水机**

☐ 17. **软水系统**

☐ 18. **其他洁具**（洗手盆、花洒等）

☐ 19. **木作**（窗套、垭口）

☐ 20. **灯具**（主灯、灯带、轨道射灯等）

☐ 21. **厨房水槽、水龙头**

☐ 22. **开关、插座面板**

☐ 23. **智能安保系统**（智能门锁、智能监控设备等）

☐ 24. **影音设备**（电视机、投影仪、投影幕布等）

☐ 25. **厨房电器**（垃圾处理器、洗碗机、前置过滤器等）

☐ 26. **五金件性能**

☐ 27. **隐蔽系统**（水电管线）

☐ 28. **防水、给水排水**

☐ 29. **阀门**

☐ 30. **环保检测**

精装房验收表

类别	验收事项	是否达标
入户门	门扇外观是否平整无磕碰、无划痕掉漆、无修补痕迹	□是 □否
	猫眼内是否有异物，视野是否清晰	□是 □否
	手触检查：门锁、门铃、猫眼安装是否松动	□是 □否
	门框与墙洞应紧贴无断缝，门扇与门框各边是否平行	□是 □否
	锁门观察门锁、门销开合是否顺滑	□是 □否
	门与门框关闭后是否严密，门缝间隙是否太大，是否漏风	□是 □否
	门牌号是否容易被门福遮挡	□是 □否
	踢脚线与门框交接处收口截面是否突出	□是 □否
	重复开启，检查门扇开合是否灵活顺畅	□是 □否
	目测观察门扇铰链螺钉加固点是否上齐	□是 □否
	入户门性能是否合规（比如防火、防盗、隔声、降噪）	□是 □否
	门锁、门扇开启时是否与周围品碰撞（如果与周围物品产生碰撞，则需设置防撞扣或门挡）	□是 □否
	门扇密封条是否为同色系，是否牢固	□是 □否
	可视对讲机能否正常工作	□是 □否
玄关区	柜体板开孔处是否有封边	□是 □否
	柜体横竖层板是否遮挡强电箱门、弱电箱门，影响正常开启使用	□是 □否
	柜体外观是否有划痕、掉漆现象	□是 □否
	定制通高柜体是否与墙壁贴合平整，是否与踢脚线、天花板石膏线冲突	□是 □否
	检查门扇是否有异响，开门是否顺畅	□是 □否

续表

类别	验收事项	是否达标
玄关区	柜体、木门、木饰墙面等是否存在色差	□是 □否
	柜门是否安装了防撞垫、阻尼铰链、反弹器（避免产生撞击噪声）	□是 □否
	高柜门扇是否平直，是否安装了门板拉直器（防变形）	□是 □否
	玄关柜抽屉开启时是否与邻近入户门把手及门框冲突	□是 □否
	柜体门可否 90° 开启（玄关柜通常邻近入户门，容易被门框遮挡）	□是 □否
	柜体安装是否打孔固定（避免破坏邻近地暖管及墙体内线管，造成短路）	□是 □否
	柜体内横竖层板是否遮挡插座	□是 □否
	强电箱回路标识是否清晰	□是 □否
	检验电箱回路控制是否准确	□是 □否
窗户及窗台石	反复开启：手测窗拉手、插销、窗扇开关是否灵活顺畅，有无卡顿	□是 □否
	窗扇四角是否翘边和存在裂缝	□是 □否
	窗户防尘盖（条）是否平整紧闭	□是 □否
	窗户上是否安装了排水孔盖	□是 □否
	窗户外墙防水胶是否均匀密封	□是 □否
	测试窗扇关闭后的密闭性，判断是否漏风	□是 □否
	窗扇密封条是否牢固	□是 □否
	窗台石挂耳是否包住窗套（避免窗框与窗台石挂耳处悬空）	□是 □否
	窗扇轴是否磕碰窗框	□是 □否
	窗台石截面是否有倒边	□是 □否
	开启测验：窗纱开关锁闭是否顺畅，观察纱窗是否遮挡排水孔	□是 □否

类别	验收事项	是否达标
墙面、顶面	吊顶表面是否平整光滑，触摸时是否掉粉末	□是 □否
	穿插边角衔接是否平整严实	□是 □否
	灯具开孔是否合理（避免开孔偏大，出现漏光现象）	□是 □否
	暗藏灯带光照是否平直均匀	□是 □否
	天花板石膏线是否影响空调贴墙安装	□是 □否
	乳胶漆墙面是否平整，有无划痕、裂纹	□是 □否
	墙面是否平整、顺直，阴阳角是否方正	□是 □否
	石膏线拼接是否闭环交圈（避免被通高门框、垭口、柜体遮挡）	□是 □否
	固定家具与墙面、顶面贴合得是否紧密（避免与墙面、顶面造型冲突）	□是 □否
	通高家具与顶面风口是否叠加冲突	□是 □否
地暖、暖气片	外观是否有划痕掉漆现象	□是 □否
	安装位置是否与邻近部品冲突（比如，暖气片安装在门后，容易影响门扇 90° 开启）	□是 □否
	手测：暖气片固定是否牢固	□是 □否
	测验：暖气片安装完，注水试压时是否漏水	□是 □否
	测验：暖气片装饰罩是否影响散热性能	□是 □否
	暖气片是否避开了床头	□是 □否
	暖气片与水管接口是否精准对应（避免出现偏位外漏管线，影响美观）	□是 □否
	查验：地暖集水器与邻近设备是否被遮挡	□是 □否
	暖气片水管与地面交接处是否做了装饰盖板（避免积灰）	□是 □否

续表

类别	验收事项	是否达标
室内门	门框与门扇表面是否平整，是否掉漆	□是 □否
	门扇铰链螺钉加固点是否上齐	□是 □否
	门扇是否方正（避免走扇、翘曲、变形）	□是 □否
	测试开合门锁时是否顺滑	□是 □否
	平开门扇开启时是否与邻近部品冲突，如果有冲突，是否设置了门挡	□是 □否
	门扇关闭后四周是否漏光	□是 □否
	门扇密封条、防撞条、玻璃胶是否为门扇同色系，以及是否牢固	□是 □否
	开闭测试：门开合时是否灵活顺畅	□是 □否
	开闭测试：门后空间是否充足	□是 □否
	测验：隐藏式吊轨是否预留了检查口	□是 □否
	测验：地轨推拉门是否平整牢固	□是 □否
	吊轨门、谷仓门是否做了加固处理	□是 □否
墙地砖、过门石	墙地砖铺装是否平整，是否有磕碰掉瓷现象，纹理砖是否衔接自然	□是 □否
	墙地砖是否对缝，填缝是否饱满	□是 □否
	墙砖阳角收边是否掉瓷（宜做海棠角或做护角条）	□是 □否
	卫生间过门石截面是否有倒角	□是 □否
	插座、水阀门、毛巾架等是否避开了在砖缝中间安装	□是 □否
	敲击墙地砖等，听是否有空鼓声	□是 □否
	厨房与客厅地面是否有高差	□是 □否
	砖踢脚线与地面、墙面贴合得是否牢固严实	□是 □否

续表

类别	验收事项	是否达标
木地板	卧室木地板与过门石是否齐平（有高差容易造成磕绊）	□是 □否
	地板拼接是否牢固，有无松动现象	□是 □否
	木地板铺装方向是否顺光	□是 □否
	查验地面基层的清洁度，踩踏时是否有灰尘喷出	□是 □否
	邻近厨卫门口的木地板是否做了防潮处理	□是 □否
	过门石与木地板金属收边条是否有翘边问题	□是 □否
	过门石与地板 PVC 材收边条是否有破损开裂问题	□是 □否
	地面是否有空鼓、起拱、变形现象	□是 □否
	踩踏感受地面是否松软，是否会发出“吱吱”异响	□是 □否
	地板是否存在明显的色差	□是 □否
	踢脚线与地板、墙面贴合得是否水平	□是 □否
	地板接缝是否对齐了，缝隙是否太大	□是 □否
厨房	平嵌电器插座是否便于操作（避免被遮挡，影响检修）	□是 □否
	平嵌电器是否预留了散热孔	□是 □否
	厨房给水排水点位是否方便操作	□是 □否
	插座与灶台距离是否太近（避免烘烤，造成短路）	□是 □否
	燃气设备位置是否预留了散气孔	□是 □否
	燃气灶排烟是否顺畅（避免 S 弯和直弯影响排烟）	□是 □否
	止逆阀是否能自闭紧闭（避免关闭不严导致烟气倒流）	□是 □否
	打开吊顶查看止逆阀安装得是否严实（避免漏缝，进灰进虫）	□是 □否
	橱柜门、抽屉是否横平竖直，开启时是否顺畅，有无异响	□是 □否

续表

类别	验收事项	是否达标
厨房	壁装吊柜电器等部品与墙体接驳口衔接是否牢固	□是 □否
	五金螺钉是否齐全，是否有松动现象	□是 □否
	邻近水槽的柜体板是否做了防潮防水处理	□是 □否
	台面是否有垫条、支撑衬板	□是 □否
	柜体门、抽屉开启时是否与邻近部品遮挡冲突	□是 □否
	拉篮、抽屉滑轨是否顺畅	□是 □否
	台下盆是否做了加固处理	□是 □否
	台盆水龙头安装得是否牢固，其高度是否影响窗扇开启	□是 □否
	给水排水是否顺畅，是否有漏水现象	□是 □否
	橱柜台面与门框边线是否有碰撞现象	□是 □否
	台面与墙面贴合是否水平紧密（避免漏水发霉）	□是 □否
	排烟管是否太长（避免折弯太多，影响排烟效果）	□是 □否
	开启抽油烟机，测试吸力是否正常，有无异响	□是 □否
卫生间	卫生间地面是否往地漏找坡了	□是 □否
	淋浴区花洒的高度是否合适，有无碰头现象	□是 □否
	开关、插座、水阀门是否有跨砖缝现象	□是 □否
	插座、水阀门是否避开了柜体横竖层板	□是 □否
	浴室柜台面与门框边线是否有碰撞现象	□是 □否
	天花板上是否预留了检修口（避免天花板内管线、止逆阀等无法检修）	□是 □否
	开启排风机，测试吸力是否正常	□是 □否
	打开吊顶查看止逆阀安装得是否严实	□是 □否

续表

类别	验收事项	是否达标
卫生间	洗手盆、坐便器、水龙头、花洒安装得是否牢固	□是 □否
	独立式浴缸排水是否有外流现象	□是 □否
	邻近卫生间外侧墙面是否有受潮现象	□是 □否
	阀门开关是否灵活，有无渗漏现象，是否被遮挡	□是 □否
	洗衣机、插座高度是否合理	□是 □否
	悬空浴室柜是否做了承重加固处理（避免在轻体墙或多孔砖隔墙上使用螺栓固定）	□是 □否
	壁挂坐便器的暗藏水箱是否做了加固处理（避免在轻体墙或多孔砖隔墙上使用螺栓固定）	□是 □否
开关、插座	开关、插座通电是否正常	□是 □否
	开关控制是否灵活自如，有无卡顿现象	□是 □否
	插座安装得是否平整，有无松动现象	□是 □否
	抽油烟机插座是否避开了设备	□是 □否
	插座颜色与开关面板是否匹配	□是 □否
	空调插座是否在冷凝水管孔和空调上方	□是 □否
	开关、插座是否被柜体横竖层板遮挡了	□是 □否
	插座与电器功率是否相匹配（额定电流为 10 A 或 16 A）	□是 □否
	感应开关、行程开关是否正常可控	□是 □否
	开关、插座定位是否遵循了上电下水原则	□是 □否